金华酒酿造技艺

金华酒酿造技艺

总主编 杨建新

陈彩云 陈国灿 编著

浙江摄影出版社

浙江省非物质文化遗产代表作丛书（第二批书目）编委会

总序

浙江省人民政府省长　夏宝龙

非物质文化遗产是人类历史文明的宝贵记忆，是民族精神文化的显著标识，也是人民群众非凡创造力的重要结晶。保护和传承好非物质文化遗产，对于建设中华民族共同的精神家园、继承和弘扬中华民族优秀传统文化、实现人类文明延续具有重要意义。

浙江作为华夏文明的发祥地之一，人杰地灵，人文荟萃，创造了悠久璀璨的历史文化，既有珍贵的物质文化遗产，也有同样值得珍视的非物质文化遗产。她们博大精深，丰富多彩，形式多样，蔚为壮观，千百年来薪火相传，生生不息。这些非物质文化遗产是浙江源远流长的优秀历史文化的积淀，是浙江人民引以自豪的宝贵文化财富，彰显了浙江地域文化、精神内涵和道德传统，在中华优秀历史文明中熠熠生辉。

人民创造非物质文化遗产，非物质文化遗产属于人民。为传承我们的文化血脉，维护共有的精神家园，造福子孙后代，我们有责任进一步保护好、传承好、弘扬好非物质文化遗产。这不仅是一种文化自觉，是对人民文化创造者的尊重，更是我们必须担当和完成好的历史使命。对我省列入国家级非物质文化遗产保护名录的项目一项一册，编纂“浙江省非物质文化遗产代表作丛书”，就是履行保护传承使命的具体实践，功在当代，惠及后世，有利于群众了解过去，以史为鉴，对优秀传统文化更加自珍、自爱、自觉；有利于我们面向未来，砥砺勇气，以自强不息的精神，加快富民强省的步伐。

党的十七届六中全会指出，要建设优秀传统文化传承体系，维护民族文化基本元素，抓好非物质文化遗产保护传承，共同弘扬中华优秀传统文化，建设中华民族共有的精神家园。这为非物质文化遗产保护工作指明了方向。我们要按照“保护为主、抢救第一、合理利用、传承发展”的方针，继续推动浙江非物质文化遗产保护事业，与社会各方共同努力，传承好、弘扬好我省非物质文化遗产，为增强浙江文化软实力、推动浙江文化大发展大繁荣作出贡献！

前言

浙江省文化厅厅长 杨建新

“浙江省非物质文化遗产代表作丛书”的第二辑共计八十五册即将带着墨香陆续呈现在读者的面前，这些被列入第二批国家级非物质文化遗产保护名录的项目，以更加丰富厚重而又缤纷多彩的面目，再一次把先人们创造而需要由我们来加以传承的非物质文化遗产集中展示出来。作为“非遗”保护工作者和丛书的编写者，我们在惊叹于老祖宗留下的文化遗产之精美博大的同时，不由得感受到我们肩头所担负的使命和责任。相信所有的读者看了之后，也都会生出同我们一样的情感。

非物质文化遗产不同于皇家经典、宫廷器物，也有别于古迹遗存、历史文献。它以非物质的状态存在，源自于人民的生活和创造，在漫长的历史进程中传承流变，根植于市井田间，融入百姓起居，是它的显著特点。因而非物质文化遗产是生活的文化，百姓的文化，世俗的文化。正是这种与人民群众血肉相连的文化，成为中华传统文化的根脉和源泉，成为炎黄子孙的心灵归宿和精神家园。

新世纪以来，在国家文化部的统一部署下，在浙江省委、省政府的支持、重视下，浙江的文化工作者们已经为抢救和保护非物质文化遗产做出了巨大的努力，并且取得了丰硕的成果和令人瞩目的业绩。其中，在国务院先后公布的三批国家级非物质文化遗产名录中，浙江省的“国遗”项目数均名列各省区第一，蝉联三连冠。这是浙江的荣耀，但也是浙江的压力。以更加出色的工作，努力把优秀的非物质文化遗产保护好、传承好、利用好，是我们和所有当代人的历史重任。

编纂出版“浙江省非物质文化遗产代表作丛书”，是浙江省文化厅会同财政厅共同实施的一项文化工程，也是我省加强国家级非物质文化遗产项目保护工作的具体举措之一。旨在通过抢救性的记录整理和出版传播，扩大影响，营造氛围，普及“非遗”知识，增强文化自信，激发全社会的关注和保护意识。这项工程计划将所有列入国家级非物质文化遗产保护名录的项目逐一编纂成书，形成系列，每一册书介绍一个项目，从自然环境、起源发端、历史沿革、艺术表现、传承谱系、文化特征、保护方式等予以全景全息式的纪录和反映，力求科学准确，图文并茂。丛书以国家公布的“非遗”保护名录为依据，每一批项目编成一辑，陆续出版。本辑丛书出版之后，第三辑丛书五十八册也将于“十二五”期间成书。这不仅是一项填补浙江民间文化历史空白的创举，也是一项传承文脉、造福子孙的善举，更是一项需要无数人持久地付出劳动的壮举。

在丛书的编写过程中，无数的“非遗”保护工作者和专家学者们为之付出了巨大的心力，对此，我们感同身受。在本辑丛书行将出版之际，谨向他们致上深深的鞠躬。我们相信，这将是一件功德无量的大好事。可以预期，这套丛书的出版，将是一次前所未有的对浙江非物质文化遗产资源全面而盛大的疏理和展示，它不但可以为浙江文化宝库增添独特的财富，也将为各地区域发展树立一个醒目的文化标志。

时至今日，人们越来越清醒地认识到，由于“非遗”资源的无比丰富，也因为在城市化、工业化的演进中，众多“非遗”项目仍然面临岌岌可危的境地，抢救和保护的重任丝毫容不得我们有半点的懈怠，责任将驱使着我们一路前行。随着时间的推移，我们工作的意义将更加深远，我们工作的价值将不断彰显。

2012年5月

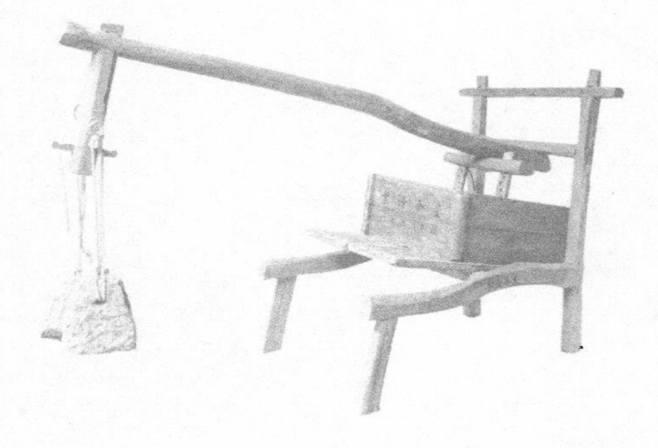

目录

概述

金华酒以金华产的优质糯米为原料，以双曲复式发酵的独特技艺酿造而成。它有过辉煌的历史，对中国酒特别是米酒品质的提高和品种的丰富，作出过重大的贡献。

概述

酒是人类酿造食品的重要门类，作为华夏文明的重要载体，先民们创造了丰富的中国酒文化。

酒首先是一种物质存在，是人们的消费品，与人们的日常生活息息相关。但酒又不单纯地以物质形态的方式存在，它总是被杂糅进太多的社会人文因素，涂抹上浓厚的意识形态色彩，从而和社会政治、经济密切联系。人们的酿酒、饮酒行为往往超越饮食活动本身的意义，而被附会以道德形态，诸如“饮酒亡国”就把饮酒行为与国家治乱兴衰或人们仕途荣辱结合起来，从而使酒摆脱了单纯的食用价值，上升为饮食文化。

酒还同社会经济有着十分密切的关系。酒的生产是社会经济的风向标，能够反映农业、手工业、商业的发展情况。农业直接为酿酒业提供原料，酿酒业本身就是手工业的一项内容，而酒的流通和销售属于商业活动的范畴。酒又是传统经济的一部分，它创造了巨大的社会财富，酒课又是国家财政收入的重要来源。

中国酒种类繁多，按门类可分为白酒、黄酒、果酒、配制酒等。白酒无色透明，香气宜人，口感醇厚绵甜，回味无穷。果酒是指以水果为原料酿制的酒，主要以葡萄酒为主，包括香槟、白兰地等。黄酒则是我国最古老的酒类品种，据文献记载，它可能出现在夏商时代，至今约有四千多年的历史。黄酒多以糯米为原料，经蒸熟、发酵、压榨、杀菌、装坛、贮存酿制而成，一般为浅黄色，澄清透明，无沉淀物，有浓郁的香气，口感醇厚，入口清香柔和，其酒精度较低。黄酒的分类方法很多，按照原料和酿造方法可分为绍兴酒、红曲黄酒等；按风味和甜度差别可分为甜型、半甜型和干黄型酒；按颜色可分为深色黄酒、黄色黄酒、浅色黄酒等。

虽然酒文化在中国源远流长，米酒是中国最古老的酒品，金华酒一度是中国米酒中一颗耀眼的明星，且宋、元、明时期深受全国消费者的欢迎，但如今，它却悄然隐退，黯然无光了，不免令人慨叹。2008年，金华酒酿造技艺入选国家级非物质文化遗产保护名录，使得我们有机会拨开时空的云雾，探寻昔日一度繁华的金华酒文化。由于众所周知的原因，酒类酿造技艺被大多数正统文人视为“杂艺”，甚至为“杂役”，官方正式记载不多。对于金华酒早期历史的了解，只能通过对少量历史文献的解读、判断和从老艺人们对师辈的追忆中才能获得，所以本书是对金华酒酿造技艺的初步研究。

[壹]金华酒名考

在漫长的历史进程中，中国酒酿造技艺世代相传、分布广泛，不同地理环境就会造成用料不同、工艺有别，形成各有特色的地方风格，故而古代人常在酒前冠以产地，以之命名。例如，汉代有一种直到唐宋还常见于诗文之中的新丰酒，就是以当时叫做新丰的地方命名的，新丰就是在现今陕西的临潼一带。从清朝初年开始流行，至今仍风靡全国的绍兴酒，其酒名也直接以原产地浙江绍兴为名。另外还有些历史上有名气但现在不大为人所注意的酒，也是以原酿酒作坊所在属地命名，如京口酒（江苏镇江京口镇）、宜城酒（湖北宜城）、乌程酒（浙江湖州）。1999年，国家技术监督管理局发布《原产地域产品的保护规定》后不久，“贵州茅台酒”与“绍兴黄酒”等先后被认定为原产地域产品标志，用地名命名的知识产权形成了著作权、企业名称（商号）、驰名商标、原产地域名权等多方面的完整保护体系，成为一种无形资产，具有支配、排他、可转让等权利内容。古时所称的金华酒，是当时统称金华府的婺江流域的东阳、义乌、金华、兰溪诸县所酿造的优质米酒之总称。金华酒是在这个特定的地理环境下，以金华产的优质糯米为原料，以双曲复式发酵的独特技艺酿造而成的。

众所周知，由于金华地区地名繁杂，酒产地众多，造成金华酒名词如乱麻似的历史争论。元代宋伯仁的木刻本《酒小史》，收录名酒有：春秋椒浆酒、西京金浆醪、杭城秋白露、相州碎玉、蓟州薏苡酒、金华府金华酒、高邮五加皮、长安新丰市酒、汀州谢家红、南唐腊酒、处州金盘露、黄州茅柴酒、燕京内法酒等十四种。明代冯时化编的《酒史》（见于石印本丛书《宝颜堂秘笈》）是我国现存比较完整的有关酒的古代专著，较详细地收录了酒的种类、原料、酿造方法、产地，以及名人评酒的诗词歌赋传等内容，在“诸酒名附”一节中，记载有：葡萄酒、千日酒、青田酒、千里酒、桐马酒、玉薤酒、桑落酒、郫筒酒、宜春酒、河东酒、梨花酒、金花酒共十二种酒，简要介绍其名称、产地、酿造方法和评价。其中载明：“金花酒，浙江省金华府造。近时京师嘉尚，语云：‘晋字金华酒，围棋左传文。’”“金花酒”当似“金华酒”之误刻。至清代，金华所产金华酒仍被视为当地特产为人熟知。明人陆应阳辑的《广舆记》是明中后期以来重要的地理知识普及著作，该书卷一〇记载金华府土产为“南枣、金华酒（兰溪、东阳）”。产于义乌、东阳的南枣在古代曾是珍稀果品，历来为皇帝和达官贵人所享用，清代曾被列为贡品。金华酒也同此果品一起，为全国所知晓。到清前期，金华酒仍为世人熟知。雍正《浙江通志》卷一〇六谈到金华府物产，其中就有金华酒。该书引《酒记》称“金华府有金华酒”，引《谈荟》称“婺之酒有错认水”。

综观金华酒的发展历史，较具代表性的有错认水、东阳酒、谷溪春、寿生酒、白字酒等。

宋人周密著有反映当时生活风貌的《武林旧事》，据该书卷六《诸色酒名》记载，“错认水”的出现时间不晚于宋代。元曲名家张

据《武林旧事》，错认水的出现时间不晚于宋代

可久有《红绣鞋·偕周子荣游湖》曲云："绿柳暗金沙佛地，白莲开云锦天池，摇曳歌声棹轻移。望南山新有雨，喜西子不颦眉，饮东阳错认水。"这里的"东阳"是指金华，金华地区在六朝时称东阳郡，故名。光绪《金华县志》也记载："邑所著名者为酒，宋周密《武林旧事》酒，婺州错认水。"但是在古籍中，并未留下"错认水"起源、命名等信息，这也给我们留下一段谜。其实酒的压榨是米酒酿造过程中的重要工序，古人最初酿酒可能是不压榨的，饮酒时连酒带糟一起饮用，当然古人也会利用自然沉淀、小心撇清等方法喝到少量清酒，后来人们发明纱质的滤袋和竹编的酒笃过滤酒醅，使得酒和酒糟分离。很明显，用酒笃把新酿的酒醅稍加过滤出来的新酒比较混浊，里面肯定还有大量的细小颗粒和碎屑浮沉，显然无法达到如古籍记载那样，其酒色净透如泉，使人错认为清水的程度。

古代蒸馏技术并不发达，现代把谷物蒸馏酒称为白酒，在古代却一直把米酒称为白酒。自汉魏乃至清代，酒都会分为浊酒和清酒。浊酒在于用曲量少，成熟期短，浑浊度高，酒精度也低；而清酒相比较之下，用曲量多，成熟期长，酒精度也较高，酒比较透亮。当然，金华酒如何达到这样的境界，与煮酒方式、物理吸附、用水都有关系。对此，后文将作具体介绍。

东阳酒为古代金华所产的名酒之一，早在唐宋时期就享有极高声誉。李白名篇《客中作》云："兰陵美酒郁金香，玉碗盛来琥珀光。但使主人能醉客，不知何处是他乡！"明代名医李时珍在《本草纲目》中解释说："东阳酒即金华酒，古兰陵也。"三国孙吴宝鼎六年（266年）金华名为东阳郡，历时三百余年，后又改为金华郡。隋大业三年（607年），又复东阳郡，后又称婺州。唐天宝元年（742年）复为东阳郡，乾元元年（758年）后又复东阳郡为婺州。从三国宝鼎六年到唐乾元元年的五百余年时间里，金华主要以东阳郡相称，古代以产酒地为酒名，故早期的金华酒皆称东阳酒，诗中所言颜色似"琥珀光"，闻之有"郁金香"，可以肯定是黄酒。当然，关于李白所称的"兰陵酒"是否指的就是东阳酒，学术界争论颇多，尚难有信服之论。明清之际的著名学者方以智所作《通雅》卷三九就认为李白所称的兰陵酒就是江苏武进所产的曲阿酒，不是金华酒。他认为，清代考据学家崔述把兰陵酒定为金华酒显得武断了。"旧传曲阿美酒今之丹徒武进也，又名兰陵。《图经》言：'高丽山原因女神覆酒，沈入曲阿诞矣。'曲阿后湖水及高骊覆船山马陵，溪水味甘，酿酒醇烈，其称兰陵酒，即曲阿也。或以峄县名兰陵，李白在山东咏之，此说亦非，大约诗人随兴，不必苦注也。”明张萱《疑耀·河清酒》载：“兰溪河清酒，自宋元已有名，第其时已有甘滞不快之訾。”东阳酒自古颇受人欢迎，“虚负东阳酒担来”出自陆游之口，“洞庭柑、东阳酒、西湖蟹”出自马致远词曲。元明之际的台州人陶宗仪辑《说郛》卷九四下所引《曲本草》云：“东阳酒，其水最佳，称之重于他，其酒自古擅名。”可见东阳酒也是因水得胜。清康熙《东阳新志·酒》所载“东邑三白”，即水白、米白、曲白的“三白酒”，在当时颇负盛名。时人谢肇淛《五杂俎》赞叹道：“江南三白，不胫而走九州矣。”优质的东阳酒还具有重要的药用价值，世界医药名著《本草纲目》提到：“东阳酒，常饮、入药俱良。”历史上对东阳酒的评价和推崇例子很多很多，举不胜举。1935年由世界书局出版的《中国药学大辞典》关于东阳酒专条称：

东阳酒，原名金华酒。

命名：本品即浙江金华所产之，古名。

性质：甘辛无毒。

主治：用制诸良药。

谷溪春一名瀫溪春，系古代兰溪所产名酒。雍正《浙江通志》卷一〇六介绍金华所产酒品，除了金华酒、错认水、东阳酒外，又引《谈荟》谓“兰有谷溪春酒”。光绪《兰溪县志·物产》记载：“以邑名酒，名瀫溪春，则以水名。”兰溪酒早在宋代就已经深为文人墨客所喜好。由于文献无征，很难确定谷溪春的制作技艺是否和金华酒一致了。《全唐文》卷二四四载韩翃《送金华王明府》诗：

县舍江云里，心闲境又偏。
家贫陶令酒，月俸沈郎钱。
黄蘗香山路，青枫暮雨天。
时闻引车骑，竹外到铜泉。

韩翃，字君平，南阳人。天宝十三年（754年）登进士第，先后入淄青节度使侯希逸、宣武节度使李勉幕府。建中初，以诗受知德宗，除驾部郎中、知制诰，擢中书舍人，卒于官。韩翃系中唐著名诗人，与钱起、卢纶等辈号为“大历十才子”。结合韩翃生平，可以认为上述所引韩诗系其送别金华王姓地方长官或来自金华地区的王姓长官时所作，诗中“陶令酒”仅引陶渊明喜饮酒之典故，很难分析出金华是否产酒。《永康县志》记载当地产有桃花酒：“山中有一种千叶桃花，以酒浸饮之，除百病，名：‘桃花酒’。”这种酒用桃花泡制而成，只能说是配制酒，不能说是酿造酒的一种。《东阳县志》记载有花曲酒:“大者开花入药，小则随处皆有，伏月采之，浸造酒曲，较他处特胜。”以花为酒曲，具体制作技艺则无从知晓。

寿生酒属半干型黄酒，是金华一带的传统名酿，被誉为金华酒中的精华。据民间所传，寿生酒由明代初年戚寿三所创，他在城东酒坊巷开设酒坊，其酒色泽金黄鲜亮，香味浓郁醇美，过口余香爽适，既具红曲酒之色、味，又兼麦曲酒之鲜醇。多年以来，寿生酒风靡一方，享有盛誉。寿生酒以精白糯米作原料，兼用红曲、麦曲的糖化发酵剂，采用“喂饭法”分缸酿造。在生产过程中，不论是制红曲、麦曲或“喂饭”等操作工序都有其特定要求。生产季节也仅限于冬至至立春前，采用冬浆冬水，因而风味别具一格。寿生酒营养丰富，含有多种复杂的营养成分，主要为有机酸、氨基酸、酯类、糖分、糊精、甘油及较多的维生素和微量的高级醇等。民间历来有补养身体，延年益寿之誉，故嘉名为“寿生酒”。据金华地方史学者蒋鹏放考证，道光年间(1821—1850)，“金华城内马门头酒坊在原酿酒的技术上加以改良形成一套特殊的技术，遂使酒的品质大为提高，并将其定型，称为寿生酒”。

白字酒又名丹溪酒，主要产自义乌，为当地名闻遐迩的地方名酒，其味道甜蜜，甘洌爽口，是独特的极甜型黄酒，与寿生酒区别很大。白字酒历史悠久，宋人王楙《野客丛书》中就有白字酒的记载，其色如重枣、泽似琥珀、香气陈醇、柔和爽口，斟满杯而不溢，饮后

明《广志绎》

廣志繹卷之四

江南諸省

明《广志绎·江南诸省》言："浙酒即金华府酒。"

杯内尚留稠液。白字酒的制作也颇为讲究，传统酿法采用纯净洁白糯米，以冬水酿造，次年三至五月压榨，入库储存三年之后启用。关于“白字酒”的起源众说纷纭，有言其“因不借他物作色，纯素不饰，故名”。也有说清末、民国时期义乌佛堂镇陈日升酒店用马糯米为原料，以不同比例的红曲与白曲酿出。一般黄酒制成后，习惯于用酒坛分坛装酒。在酒坛的口上，扎上竹箬叶后，再封上黄泥。在黄泥上，盖上用砻糠灰调制成的黑色“墨汁”的封泥印，以便酒店老板、伙计分辨酒坛内装的是什么酒。为了给这种用马糯米特制的高档酒做记号，老板陈邦俊就用白色的石灰浆当酒坛印泥，使酒店里的人都知道，在酒

坛泥上盖有白色字样的酒，是陈日升酒店里最高档的酒，“白字酒”名由此产生。

此外，金华还有桑落酒、花曲酒、甘生酒，等等。这些风味各异的地方酒，组成了一个整体的金华酒品牌，也称金华府酒，在我国北方则称其为“浙酒”。《广志绎·江南诸省》明言：“浙酒即金华府酒。”在数百年里，用婺江水酿制的金华酒引领了浙江的酒业，并风行于大江南北，誉满四方。

[贰]金华酒产地

如上所述，金华酒是金华市婺江流域的东阳、义乌、金华、兰溪诸县所产的优质米酒的统称，是受到地域原产地保护的产品。金华地区位于浙江中部的金衢盆地，历史上就是浙江内部及与外地联系的交通要道，周围主要是与台州（东南），宁波（东北），杭州（西北），衢州（西），丽水、温州（南）接壤，北沿浦阳江可达杭州，所以婺州是浙江往来闽、广、江、湘之枢纽，货物转输的必经之地，其中以兰溪为要冲。

任何地方酒特殊的风味口感是与本地地理环境密切相联的。酒酿造所需原材料之一的粮食就与地理环境息息相关，不同地方所产粮食差异很大，其中含有蛋白质、淀粉、脂肪及其他微量元素的比例差别很大，发酵之后的糖度、色泽肯定不同，导致风味差距就大。另外俗语“水乃酒之血”，酿酒对于水质的要求非常高，只有高品质的水，才有可能酿造出美酒佳酿，故美酒需要佳水来成全。米酒是低度酒，成品中水约占百分之八十，故而水质好坏直接影响酒的品质和风味，古人很早就注意到这点了。元末，陶宗仪称东阳酒自古擅名的一个重要原因便是“其水最佳”，可见水质对于酿酒重要性决不可忽视。酿制米酒之前，要先制作好酿酒所需要的曲母和红曲、白曲以备发酵使用，其中含有的红曲霉和酵母菌等微生物，具备很强的糖化力和酒精发酵力。现代酿造工艺表明决定酒的香气成分的关键是微生物，但微生物种类决定于温度、湿度、土壤种类、酸碱度、空气等，关键还在于地理环境。所以说，难以复制的地理环境使中国黄酒的地域特殊性远大于共性，这也是地域性米酒产品生存的根基。

金华地区面积1万余平方千米，地貌上属浙中丘陵盆地，南与浙南中山区相邻，东与浙东盆地低山吻接，整体地势南北高、中部低。其中，平原占17.6%，平畈占5.5%，岗地占9.9%，丘陵占26.2%，山地占40.8%。平原与平畈多在海拔150米以下，丘陵海拔多在200米左右，山地海拔多在1000米以下。金华地区属亚热带季风气候，春早秋短，夏季长而炎热，雨量较多，光温互补。南北界纬度差为1° 4′，气候的水平差异较小。年平均气温在16.3℃~17.6℃之间，日平均气温不低于0℃期间总积温为6080℃·d~6480℃·d，日平均气温不低于10℃期间总积温为5230℃·d~5650℃·d。年平均降雨量在

1150毫米~1909毫米之间，以五、六两月雨量最为集中，平均月降雨量在200毫米以上。金华境内是浙江省太阳辐射和日照时数的高值区之一，光照资源较丰富。全地区平均日照时数在1900小时~2130小时之间，为可照时数的45%；太阳辐射总量为106.2千卡每平方厘米~113.0千卡每平方厘米，太阳有效辐射年总量为53千卡每平方厘米~57千卡每平方厘米。日照和太阳辐射量时空分布、季节分配不均匀，夏季最多，冬季最少。特殊的地理环境造就金华产出优质糯米作为金华酒酿造原料。明代诗人谢榛在其诗论《四溟诗话》中提到江南诸酒各有特殊性时说："作诗譬如江南诸郡造酒，皆以曲米为料，酿成则醇味如一，善饮者历历尝之，曰：'此南京酒也，此苏州酒也，此金华酒也。'其美虽同，尝之各有甄别。"金华酒因金华这块风水宝地而生，与金华已经密不可分。

历史上金华酒酿造技艺的地域分布以浙江中部金华地区为主，包括周边相邻的衢州、丽水的部分地区。目前主要分布于金华市金东区、婺城区和东阳、义乌、兰溪等县市的部分农村。其中，金东区和婺城区位于金华市中西部，东经119° 18′ ~119° 56′，北纬28° 44′ ~29° 19′，面积2044平方千米；东阳市位于金华市东北部，东经120° 05′ ~120° 44′，北纬28° 58′ ~29° 30′，面积1739平方千米；义乌市位于金华市东部，东经119° 49′ ~120° 17′，北纬29° 02′ ~29° 34′，面积1103平方千米；兰溪市位于金华市西北部，东经119° 13′ ~119° 54′，北纬29° 01′ ~29° 27′，面积1314平方千米。金华境内河网密布，分属钱塘江、瓯江、曹娥江和椒江四大水系，“三面环山夹一川，盆地错落涵三江”是金华地貌形态的基本特征。溪水越岭跳涧，湍流不息，过岩石，滤砂砾，穿泥土，蜿蜒而下，溶入了丰富的矿物质，过滤了众多有害杂质，良好的水质为金华酒酿制创造了良好的条件。

[叁]历史溯源

金华酒在历史上曾是名扬大江南北，广受人们宠爱的佳酿美酒，不仅有过辉煌的历史，而且对中国酒特别是米酒品质的提高和品种的丰富，作出过重大的贡献。

“家资陶令酒，月俸沈郎钱”，这是唐代诗人韩翃《送金华王明府》诗中的描述，也许是迄今能见到的有关金华酒的最早记载和吟咏。其实，一种地方风物，要达到知名的程度，其时空跨越必已很久。我国古代酿酒和饮酒，都有专用酒具和酒器，我们从婺州窑和古墓葬的发掘考古得知，在西周早期，金华已出产通体施青釉的酒樽了。之后褐釉酒盉和执壶相继问世。春秋战国时期，青黄色釉酒盅，已成平常酒器。三国时，婺州窑烧制的大型瓷酒罍，国内罕见。20世纪80年代，婺州古瓷在北京故宫博物馆展出，轰动了京城。中国民俗学之父钟敬文赞叹道：“说金华在这里开了半个中国酒文化展览会，并不过分。”著名学者、作家曹聚仁在《鉴湖、绍兴老酒》一文中提到："在酒的历史上说，金华府属的义乌、兰溪，好酒的盛名，还早（超）过了绍兴。"

20世纪80年代初，金华的考古工作者在当时的东阳县古光乡古渊头遗址、义乌县平畴乡平畴遗址、武义县德云乡红山村凤凰山遗址等西周遗址中，发掘出一批原始瓷，其中有许多为当时的酒具，如樽、罐、盉等。由此可以得知，金华的酿酒业至少可追溯到西周中期，而从金华出土的古代酒器具来看，早在春秋战国时期，金华一带已风行酿酒与饮酒。可以说，金华是全国谷物酿酒史上确属较早的地区之一。《尚书·说命篇》中说："若作酒醴，尔维曲蘖。"我国早期的酒都用曲蘖酿造。蘖即是麦芽和谷芽，是酿酒的糖化剂；曲则能同时起糖化和酒化的作用。古代婺州"白醪酒"用白曲又加蓼草汁水促发酵增辛辣，是一大进步。古人昵称为"蓼草水"，酒醉就谓之"蓼草水灌醉"。后来发现白醪酒三日而酸，七日而败，经过逐步改进，首创了泼清、沉滤等工艺，提高了酒汁质量，延长了存贮期。

唐初，金华酒以糯米白蓼曲酿者为首席名酝。"殷勤倾白酒，相劝有黄鸡"，"白醪充夜酌，红粟备晨炊"，就是对此的艺术写照。唐代婺州窑已生产行酒令游戏时使用的"投壶"，民间劝酒风俗可见一斑。酒器中容量更大的酒碗，施乳浊釉呈天青月白色，具有玉玓质感，中唐时已较多见，可知民风尚酒之盛。此时酒色清纯、甘醇似饴的金华酒“瀫溪春”，已驰誉江南各都会。后来成了首运长安的婺州名酿，以品质上乘成为大唐“春”酒宝库中的佼佼者。

唐代中叶，红曲在福建问世，很快传至金华。因其糖化力、酒精发酵力胜过白曲，且酒液色、味袭人，酒力持久，更为饮酒之人所青睐。诗人李贺“小槽滴酒真珠红”，《苕溪渔隐丛话》里的“江南人家造红酒，色味两绝”，就是形象的记录。不久，金华人创造性地作了红、白曲兼用的实践，创制成了既有白曲酒的鲜和香，又有红曲酒的色和味的寿生酒。业内和有关史学专家认为，今天的寿生酒工艺，是我国古法白曲酿酒和当时新兴的红曲酿酒过渡型工艺的遗存，也是古代红曲、白曲联合使用的一种优选技术的传承，在世界酿造史上具有里程碑式的深远影响。

唐代官府都设酿酝局，官酒坊之酒专供公务饮用。“金华府酒”之名，即始于此。金华府酒品质出众，名闻遐迩，是唐时的名品官酒。

五代吴越国钱氏政权为了偏安江南，岁岁向梁、唐、晋、汉、周各王朝进贡。金华酒被列入贡品中的定制。其中品质优异、风味独具的寿生酒，占了很大的比例。贡品的生产，从另一个方面促进了金华酒生产的发展。

宋时，金华酒品种增多，产量更大，名气更盛。《北山酒经》说，金华酒已有泼清、中和、过滤、蒸煮、后贮及用桑叶或荷叶封坛等成熟工艺，开创了米酒高温灭菌的先河。同期红曲米酒发展迅猛，异军突起，大有与福建沉缸酒等红曲黄酒并驾齐驱之势。“曲生奇丽乃如许，酒母浓华当若何”，“桃花源头酿春酒，滴滴真珠红欲燃”都是这方面的反映。其时金华酒中有一种清醇如碧泉，酒力久长又能久贮的名为“错认水”的酒，显名于世。根据《竹屿山房杂部》记述，其酿酒的要诀是多种曲酵蓼药并用，又以枥柴灰取代石灰降酸澄滤。“错认水”品质优雅，深得酒人赞许，可惜今已失传。宋代金华酒业发达，产量巨大。宋神宗熙宁年间（1068—1077），婺州全州每年的酒课已高达“三十万贯以上”；宋高宗绍兴二十四年（1154年），“金华县酒课、酒务租额二千二百六十四贯一百二十五文”。

在元代，金华是我国主要的产酒区之一，当时江浙行省的酒课约占全国酒课收入的三分之一。元贞二年（1296年），金华地区所在的婺州路“酒课中统钞一千五百五十三锭三十五两二分二厘”，远远超过“茶课中统钞六锭二十四两四钱七分”的课利，足见当时金华地区酒业之兴旺。元政府还将金华酒曲方和酿造方均定为“标准法”，加以推广，极大地提高了中国米酒的酿造工艺水平，各地米酒发展迅速，金华酒业亦更为兴旺。张雨诗云：“恰有金华一樽酒，且置茅家双玉瓶。”柳贯诗云：“溪酿独称双酝美，津船才许一帆通。”钱惟善诗云：“故人远送东阳酒，野客新开北海樽；不用寻梅溪上路，春风吹与满乾坤。”从多侧面描述了金华酒的神奇风韵。

明代，金华酒更为风靡全国，被誉为“天下第一”的美酒。《金瓶梅》中提到金华酒、浙酒有数十处之多，日常宴饮或者社会宴请大都用得到。《客座赘语》载："京都士大夫所用，惟金华酒。"范濂《云间据目钞》云："华亭煮酒，甲于他郡，间用煮酒，金华酒。"明代冯时化在《酒史》中说："金华酒，金华府造，近时京师嘉尚语云：'晋字金华酒，围棋左传文。'"据史籍载，明代弘治年间还流传着这样一副对联："杜诗颜字金华酒，海味围棋左传文。"此番言论将金华酒与风流遗韵的杜甫的诗、颜真卿的字、左丘明的文章这些中国文化的精粹相提并论，可见当时饮金华酒之风雅。《弇州山人四部稿》说："金华酒，色如金，味甘而性纯。"李时珍在《本草纲目》中引用汪颖《药物本草》的话说："入药用东阳酒最佳，其酒自古擅名……饮之至醉，不头痛，不口干，不作泻；其水称之，重于他水。邻邑所造，俱不然，皆水土之美也。"李时珍诠释道："东阳酒即金华酒，古兰陵也。李太白诗所谓'兰陵美酒郁金香'即此，常饮入药俱良。"李时珍撰《本草纲目》，发端于纠讹订正，广搜博采，精密考证。其所引录和诠释的文字是留给后人的科学信史，也是对金华酒的客观概括和真实赞美，当是金华的宝贵文化财富。

明代中后期以后，金华酒声誉逐步下降，原因大体是随着金华酒名声大噪，商家为追求产量，盲目扩大规模而不注意品质，导致金华酒在消费者心中的口碑受到严重损害。明代徽州歙县人方弘静，字定之，嘉靖年间进士，官至南京户部右侍郎，著有一书名为

《千一录》，对于当时社会风俗有细致的描述。他说："嘉靖以前金华酒走四方，京都滇蜀公私宴会无不尚之，隆、万以来恶而弗尝，闾巷中或以觞客，客不欲举，口之于味也，向也同嗜，今也同恶，酒一也，口何以不一，余亦不知其解也，无亦意在狥俗而口与之化耶？"比对嘉靖以前金华酒在全国的风靡，隆庆、万历以后的金华酒不仅士大夫不太喜欢了，就是普通老百姓也不太认同，究其原因，大致可能是品质下降和冒牌的产品损害了金华酒的声誉。此后，金华酒开始走下坡路了。

不过，在清中叶以前，金华酒仍然还享有一定的声誉。《曲本草》、《事林广记》、《名酒记》、《曲洧旧闻》等对此都有记述。袁枚在《随园食单》里评析道："金华酒，有绍兴之清，无其涩；有女贞之甜，无其俗。亦以陈者为佳，盖金华一路水清之故也。"这位乾隆年间名闻天下的学者表达了对金华（东阳）酒的偏爱，他认为金华酒品质超过了绍兴酒，口感清甜，而无其苦涩之味，大概跟水质有很大关系。雍正《浙江通志》说："俗人因其水好，竞造酒。一种清香远达，入门就闻，天香风味，奇绝。"光绪《金华县志》引录宋人周密《武林旧事》所记："近时京师嘉尚语云：'晋字金华酒，围棋左传文。'"金华酒竟占字、酒、棋、文四绝之一。此外，历史上金华的三白酒、桑落酒、顶陈酒、花曲酒、甘生酒等品牌，都各有千秋，汇聚成了金华酒的整体实力和艺术魅力，成为浙江酒的主力军，久传不衰，故又有“浙酒”美称。1915年，金华酒在巴拿马万国博览会上荣获金质奖；1963年，在全国第二届评酒会上，金华酒被评为优质酒；1988年，在北京首届食品博览会上，又荣获金奖。

明清以来金华酒业代代相传，经久不衰，相传八咏楼下酒坊巷的“酒泉井”，井水清澈甘甜，且大旱之年日夜汲吊亦终岁不涸。古时这条酒坊巷里，官、私酒坊林立，包括寿生酒、陈甘生酒、双酝等多出于此。经八咏门、清波门，顺婺江西流水运抵大江南北各埠。昔日婺江码头酒坛如山的景象，至今仍为不少老人所乐道。千古流芳的金华酒，进入新世纪，如能总结历史上的经验教训，靠科学，守诚信，走工业化、规模化生产大道的同时，深抓产品质量，以品质赢得市场，重视品牌创新战略，重振雄风的后劲是十分强盛而可喜的。

[肆]价值和地位

我国的米酒酿酒技艺历史悠久，种类繁多，文化内涵丰富，地域特色明显。金华酒作为传统名酒之一，其深厚的历史沉积和自成一体的酿造技艺，不仅体现了传统酒文化的多样性和独特魅力，而且也从一个侧面折射出中华文化多元融合和在实践中不断开拓创新的发展活力。

金华酒酿造技艺是我国古代早期米酒酿造技艺的典型代表和完整文化遗存形态。它继承、发展了以糯米为原料，以白曲为糖化发酵剂的古法酿造技艺，不仅改进了制曲、用曲方法，而且完善了泼清、沉滤、蒸煮、后发酵等工艺，从而在五代吴越时期和元代一度成为政府推广的白曲酒酿造“标准法”。从某种意义上可以说，流传至今的金华酒酿造技艺，是古法白曲酿酒技艺的“活化石”。

金华酒酿造技艺有着鲜明的地方特色，这是其在历史上长盛不衰的重要因素。从全国范围来看，自中唐以降，最初出现于福建地区的红曲酒逐渐取代早期的白曲酒成为黄酒发展的主流，但作为白曲酒代表的金华酒却逆势而起，开始走向全国，跻身名酒行列。到明代，更是成为江浙一带黄酒的代表而有“浙酒”之称，以至社会上广泛流传有“晋字金华酒，围棋左传文”之说。究其原因，就在于金华酒酿造技艺的独特性。这当中，最突出的一是以蓼草汁和白曲为原料的造曲法；二是兼采红曲的用曲法，加上成熟的后期酿制工艺，使金华酒既充分发挥了白曲酒的鲜香，又具有红曲酒的色味。也正因为始终保持了自身的特色，金华酒的酿造技艺在我国黄酒发展史上有着独特的地位和文化价值。

金华酒的酿造技艺及其历史演进过程，蕴含着丰富的文化内涵。酒的酿造不仅仅是一种经济活动，更与一个时期、一个地区人们的文化生活有着密切的联系。金华酒酿造技艺的形成和发展，既反映了人们在实践中的创造力和探索精神，又从多方面影响到人们的生活方式，进而形成一系列极富生活气息的文化现象。如有关白蓼曲发明的传说，酿酒器具的设计和制作，酒的节日和礼仪等。20

世纪80年代，金华古瓷酒器在北京故宫博物院展出，一时引起轰动。著名民俗学家钟敬文在参观展览后赞叹道："说金华在这里开了半个中国酒文化展览会，并不过分。"因此，从文化的角度讲，金华酒的酿造技艺是我国传统酒文化颇具特色的重要组成部分，也是江南内陆盆地、丘陵地区传统生活文化的重要载体。

金华酒以其漫长的历史和逐渐形成的系统而独特的酿造技艺，跻身中国传统酒文化之粹。这是前人留给我们的宝贵的文化财富。挖掘、保护、继承、发扬这种优秀的传统工艺，既是我们今天文化发展的需要，也是时代赋予我们的重要责任。

金华酒酿造原料与器具

金华酒的酿造工艺也是在历史中经过无数先人长期摸索产生的。决定金华酒品质的因素很多，主要分原料、水质、制曲、酿造工艺四个部分。

饭甑

金华酒酿造原料与器具

2008年，凭借不可复制的、迄今为止口耳相传数千年的传统酿造技艺，金华酒酿造技艺被国务院批准列入国家级非物质文化遗产。她来自古老中国的酿酒智慧，拥有丰富的文化内涵和独特的魅力，引来了关注无数。与其他口耳相传的民间音乐、语言等不同，中国米酒的酿酒技艺本身的体系相当庞大，不仅包括酿酒原料、用水、制曲的选择，在酿造过程中的独门绝技更是层出不穷，能将所有技艺精髓持续保持到现在是一个奇迹。在漫长的历史岁月中，中国就曾经出现无数享受广泛声誉的地方性米酒品种，但因为历史和社会变动等因素不得不中断了酿造过程的传承。而酿造过程传承的中断对地域性米酒来说，就意味着失去品位的价值。幸运的是，金华酒的传统酿造技艺被保存在民间，代代相传，生生不息。但它面临的难题也是显而易见的，首先在于外部环境的恶劣，人们消费习惯改变，啤酒、葡萄酒、白酒成为人们餐桌和日常宴饮的主要酒类品种，而中国米酒产地众多，质量参差不齐，劣质米酒口感差，只能拿来烧菜，档次低。另外，在酿造业机械化无孔不入的今天，传统的酿造技艺费时费力，生产成本大，大规模商业推广难度颇大。如何怀着虔诚的心态，以传统的方式制造天地佳酿，传承祖先的优秀技艺是摆在现代金华人面前的难题。

值得特别说明的是，并非现今产自金华的米酒都可以称为金华酒，只有在金华地区使用传统酿造技艺酿造出来的米酒才可以叫做金华酒。历史上久负盛名的金华酒在品种属于甜型、半甜型的优质高档米酒，而不是目前金华地区大多数企业生产的干型黄酒，其中区别主要在于酿造工艺的不同所带来的品质不同。干黄酒属稀醪发酵，用早米或粳米为原料，发酵时间短，出酒率高，酒肉薄，是低档的黄酒，目前我们金华生产的袋装酒大部分都是干型黄酒。半干黄酒用糯米为原料，加水量少，发酵周期长，出酒率低，酒质厚浓，可以长久贮藏，是黄酒中的上品。我国大多数出口酒均属此种类型。半甜型米酒采用的工艺独特，用成品酒代水，加入到发酵醪中，俗称“酒做酒”。半甜型米酒酒香浓郁，酒度适中，味甘甜醇厚，是米酒中的珍品。甜型米酒采用淋饭操作法，拌入酒药，搭窝先酿成甜酒酿，当糖化至一定程度时，加入米白酒或糟烧酒。酒肉很厚，口感绵甜，是米酒中的佳品。传统技艺酿造的金华酒口感醇厚、浓郁芬芳。品质才是金华酒在历史中赢得顾客的原因，忽视了它，也是金华酒失去市场的原因。

金华酒的历史源远流长，始于商周，发于秦汉，兴于唐宋，盛于明清，金华酒的酿造工艺也是在历史中经过无数先人长期摸索产生的。决定米酒品质的因素很多，主要有四个部分，分为原料、水质、制曲、酿造工艺，历史上主要变化的是制曲和酿造工艺的改变。春秋时期是金华酒的成长期，此时，金华出现了白醪酒，这是以糯米为原料，用白曲和蓼草汁水作发酵剂酿制而成的。白醪酒以其特有的风味，使金华酒崭露头角。在唐初，“酒色清纯，甘醇似饴的‘兰溪瀔溪春’，驰誉江南各都会”。唐代中期，红曲酿造的金华酒同样为世人所青睐，其酿造技术在我国古代酿酒业中别具一格。宋元时期是金华酒的发展期，宋人《北山酒经》说金华酒要经过泼清、中和、过滤、蒸煮、封坛等特有的工艺。《事林广记》所载金华酒酿法，“其曲亦曲药，今则绝无，唯用麸而蓼汁拌色……清香远达，色复金黄，饮之至醉，不头痛，不口干，不作泻，其水称之重于他水，邻邑所造俱不然，皆水土之美也”。以精白糯为原料，同时加入白曲作发酵剂，用喂饭法，分缸酿造的酿造技艺，创制了既有白曲酒的鲜和香，又有红曲酒的色和味的金华酒，这是对古代红、白曲联合使用的一种优选技术的传承，在世界酿造史上具有里程碑式的深远影响。明清时期，金华酿酒技术已达高峰。金华酒的酿造特色鲜明，“米多水少造酒，其味辛而不厉，美而不甜，色复金黄，莹澈天香”。明代的《遵生八笺》有东阳酒曲环的配方，其配方也颇独特：“白面一百斤、桃仁三斤、杏仁三斤、草乌一斤、乌头三斤、木香四两……”这种以多种中药配制的方法还得到过李时珍的赞许。

金华酒需要用上好的糯米、优质的酒曲和婺江水为主要原料，经独特复杂技艺酿制而成。它的工艺流程比较复杂，涉及微生物学、有机化学、生物化学、无机化学等多学科知识，它虽然是古老传统的手艺，却蕴含了精深的科学原理。

[壹]粮食原料

中国的传统米酒是指以稻米或者以其他谷物为原料，以酒曲或者酒药又加酒母为糖化酒化剂，经过制醪发酵、压榨分离、煮酒灭菌、入窖陈化等工序加工而成的酒，其成品酒大多色泽清亮、风味甘甜醇厚。米酒的酒精度一般是15%左右。因为米酒是以谷物为主要原料的酿造酒，故其酿造生产技艺的提高与农业生产的发展有着密切的关系。中唐以前，粟等作物是农业生产的主要粮食品种，故而酿酒的原料是以粟为主。中唐至宋，随着传统经济重心南移，稻米成为最主要的粮食作物，酿酒的主要原料也改为稻米为主，尤以糯稻为重。《本草纲目》记述："汉赐丞相上尊酒，糯为上，稷为次，粟为下。"金华酒中的东阳酒是"专用糯米，以清水白面曲（酒母）所造为正"。在古代，糯稻是酿造上好米酒的主要原料，一些特殊品种的糯稻还成为贡酒的制作原料，著名的有苏州的香莎糯米和河南辉州的苏门糯米，都曾经成为宫廷酿酒的首选。

现代科学技术的相关研究表明，糯米成为酿造米酒最好的原料，主要有以下几个方面的原因：首先，糯米分子结构比较疏松，米质软，吸收性强，容易蒸熟和糊化，有利于发酵过程的进行。其次，糯米所含蛋白质和脂肪大多数可以在精制中随着糠皮除去，留下的量正好可以衬托黄酒的醇香味道。如果原料中含有过多的脂肪和蛋白质，经氧化后的异臭将有害于米酒的风味和口感。再次，糯米的淀粉含量比其他稻米高，品质优，而且所含的大多数是支链淀粉，淀粉糖化酶很难将分子链全部切断，这使得米酒中含糊精和低聚糖较多，酒的浓厚甘甜更为突出。

酿酒所用一定要选用当年收获的上等糯米为原料，陈糯米米饭溶解性差，发酵时所含的酯类物质因氧化或水解易转化为含异臭味的醛酮化合物，浸米浆水常会带苦味而不宜使用。上等糯米颗粒饱满，外观为乳白色，黏性好，含杂质少，无异味，如果糯米中含有其他杂米，导致浸米吸水，蒸煮糊化不均匀，饭粒返生老化，沉淀生酸，影响出酒率和酒的品质。当年产糯米酿制出酒率高，香气足、杂味少，有利于长期贮藏。由于糯米产量低，价格较高，不能满足生产需要和降低成本的要求，20世纪50年代中期，不少金华酒酿造作坊改革原料，用粳米和籼米代替糯米，造成金华酒品质下降。

从事酒类酿造的业内人士都知道，传统米酒酿制最常见的基本工艺流程为：选米——浸米——洗米——蒸饭——拌曲发酵——封缸养醅——压榨——澄清。这种使用固态糯米使之发酵方法延续至今，虽然此工艺流程损耗多，成本高。近些年来，兰溪芥子园酒业有限公司拥有了一项发明专利，名为“大米全液态发酵酿酒工艺”。他们对传统米酒酿造模式进行变革，以液态法生产发酵技术为核心，集成了黄酒、啤酒等生产工艺技术，以全碎米为原料，经液化酶液化，加麦曲、黄酒专用酵母和食用酒精，调节糖化与发酵的平衡，改变了传统黄酒酿造工艺。用大米碎米为原料，使原料成本大大降低，更提高了出酒率。采用全液态化生产方式还省却了浸米、洗米、蒸饭、淋饭等环节。通过技术革新，耗水量下降了一半，粮食也节约了30%，企业生产成本大大降低。据称，酿出来的酒香气更加浓郁，口味鲜甜醇厚，不过此技术与传统酿造技艺关联不大了。

金华酒以糯米为基本原料，饮用时可以根据需要按一定比例适当添加各种辅料，汁浓味醇，营养丰富。李自珍《本草纲目》在谈到金华酒时说，“入药用东阳酒最佳，其酒自古擅名”，“饮之至醉，不头痛，不口干，不作泻”。又说，“东阳酒即金华酒，古兰陵也。李太白诗所谓‘兰陵美酒郁金香’，即此。常饮、入药俱良”。早在宋明时期，人们在将金华酒视为美味佳酿的

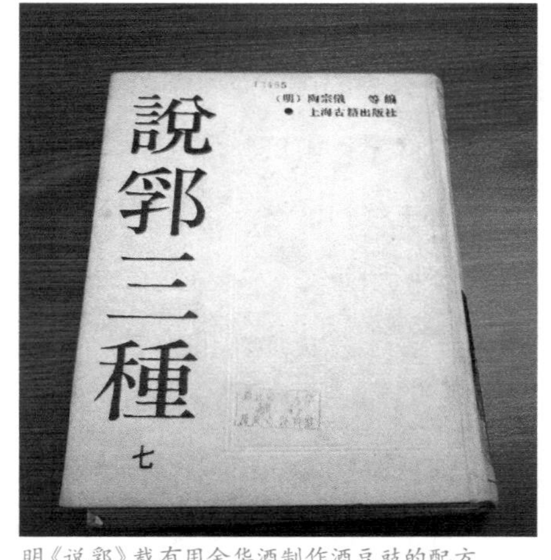

明《说郛》载有用金华酒制作酒豆豉的配方

同时，又将其作为制作相关的食品的优选辅料。明陶宗仪《说郛》卷九五下《食谱》即载有用金华酒制作酒豆豉的配方：

黄豆一斗五升，筛去面令净；茄五斤；瓜十二斤；姜觔十四两；橘丝随放；小茴香一升；炒盐四斤六两；青椒一斤；一处拌入瓮中捺实，倾金华酒或酒娘，腌过各物两寸许，纸箬扎缚泥封，露四十九日，坛上写东西字记号。轮晒日，满倾大盆内，晒干为度，以黄草布罩着。

[贰]水质

米酒用水分为酿造水、冷却水、洗涤水、锅炉水等多种，其中最重要是酿造用水，它直接参加糖化、发酵等酶促反应。俗称“水为酒之血”，高品质的水源是酿出佳酿的关键。米酒是低度酒，成品中水的含量约占85%，故而水质好坏直接影响酒的品质和风味。古人早就注意到了这点，西汉刘安等人编著的《淮南子·时则训》，就有“乃命大酋……水泉必香”的记载。北魏贾思勰《齐民要术》中不仅有许多选择优质水的方法，而且还有汲取、净化，运用于酿酒的操作法，其《造神曲并酒》专章提到：“造酒法，淘米及炊釜中水，为酒之具有所洗浣者，悉用河水佳也。”就是说，无论是淘米用的水，还是煮饭用的水，还是洗涤酿酒器具用的水，都是以河水为最佳。

不少地方就是因为水质适宜酿酒而闻名，如金陵春酒为元代南京特产，唐代盛极一时，元代方志《至正金陵新志》卷七《物产》中分析金陵产美酒的原因时说："或谓水味然也！"可见，水质对于酿酒的重要性绝对不可忽视。

金华酒在古代能够深受消费者欢迎的根本原因在于品质，在于口感，而许多古人把金华酒高品质的原因归结为金华的水质。东阳酒是宋元时期金华酒的杰出代表。陶宗仪辑《说郛》卷九四下引宋代田锡所《曲本草》云：

> 东阳酒其水最佳，称之重于它水，其酒自古擅名。……人因其水好，竞造薄酒，味虽少酸，一种清香远达，入门就闻，虽邻邑所造俱不然也。好事者清水和麸麴造麴，米多水少，造酒其味辛而不厉，美而不甜，色复金黄，莹彻天香，风味奇绝，饮醉并不头痛口干，此皆水土之美故也。

东阳酒风味独特，清香能够远达，李时珍把东阳酒与处州的金盆露、淮南的绿豆酒、江西的麻姑酒、山东的秋露白等酒作了对比，其香其色都不及东阳酒，主要原因是"以其水不及之故"。清代袁枚在《随园食单》中也称赞："金华酒有绍兴之清无其涩；有女贞之甜无其俗。亦以陈者为佳，盖金华一路，水清之故也。"

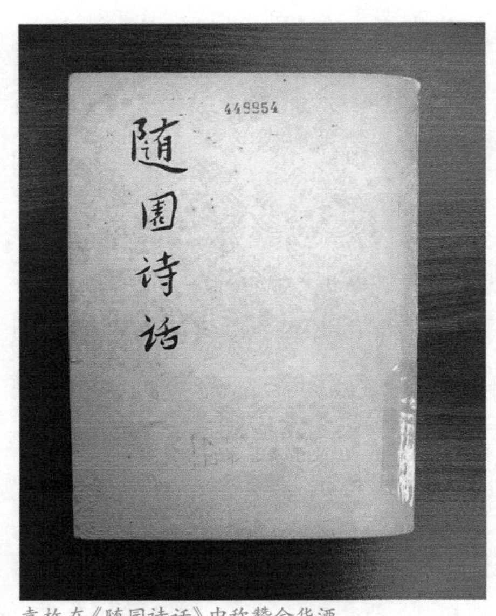

袁枚在《随园诗话》中称赞金华酒

“三面环山夹一川，盆地错落涵三江”，这是金华地貌形态的基本特征。溪水越岭跳涧，湍流不息，过岩石，滤砂砾，穿泥土，蜿蜒而下，溶入了丰富的矿物质，过滤了众多有害杂质。可以说，无法复制的水也是金华酒和金华生死不离的重要原因。金华一路水清，适宜于造酒，历来为人们称道，即便是井水，亦远胜他处之湖泉。相传八咏楼下酒坊巷的“酒泉井”，井水清澈甘甜，且大旱之年日夜汲吊亦终岁不涸。古时这条酒坊巷里，官、私酒坊林立，包括寿生酒、陈甘生酒、双酝等多出于此。

酿酒选水还要讲究季节。元代贾铭《饮食须知》对多种天然水的酿酒功效作了说明，他认为梅雨水味甘性平，忌用造酒醋。露水味甘性凉，百花草上露皆可堪用，秋露取之造酒名秋露白，香洌最佳。二十四节气中，立春、清明二节贮水曰神水，宜制丸散药酒，久留不坏。谷雨水取长江者良，以之造酒，储久色绀味洌。小满、芒种、白露三节内水并有毒，造药、酿酒醋及一切事物皆易败坏，人饮之亦生脾胃疾。寒露、冬至、小寒、大寒四节及腊日水，宜造滋补丹丸、药酒，与雪水同功。部分金华酒要用冬水（冬至到立春前）的水酿造，这是同冬天水质较好有关系。冬季温度较低，微生物和细菌繁殖能力较弱，同时冬季降水量相对较少，河岸冲入的污染物也自然少些，河流沉淀时间长，清澈透亮，水质故而较好。整体而言，酿造水应该是无色、无味、无臭、清亮透明的，酸性值在中性附近，可含少量铁、锰等微量元素，但必须避免重金属污染，有机物含量不能超过卫生标准，细菌总数、大肠杆菌的量应符合国家卫生标准，不得存在产酸细菌。

[叁]酿造器具及设施

金华酒古来就是手工操作，并采用古老的酿造器具酿造的，器具材质大多为木质、竹质以及陶瓷、石材等，按用途可分为盛装类、蒸煮类和辅助类三大类别。

盛装类主要有缸和坛两种。缸主要用于浸米和发酵程序，系粗陶制品，壁厚坚实，里面施釉，使用前外刷石灰水，便于发现裂缝，防止漏水。其容量不一，一般农家所用，大多能浸一百斤米或酿一百五十斤酒。坛主要用于装酒，亦系粗陶制品，坛壁分布有极细空隙。其容量大者可装一百斤酒，小者只可装十斤酒。一般农家所用，大多能装四五十斤酒。

饭甑用于蒸米

酒陶用于蒸酒

蒸饭灶

蒸煮类主要有饭甑和酒陶两种。饭甑用于蒸米，系木制，圆形，上无盖，下底用棕丝编织、盛放原料糯米进行蒸煮。其大小不一，一般所用一次能蒸一百斤米。酒陶用于蒸酒，其结构与小型砖窑类似。

辅助类主要有竹篮、竹席、木耙、笊篱、榨袋、木榨等。其中，竹篮用于淋米，由细竹丝编成；竹席和竹耙用于摊饭，前者由竹篾片编成，后者由木条制成；笊篱用于发酵过程中的搅拌，系木质；榨袋和木榨均用榨酒，前者由生丝织成，后者系木制，制作较为复杂，为一杠杆式压榨机，每一个榨杠高低不一，上层榨杠较浅，下层榨杠较深。还有与酒榨一起使用榨袋，以及压榨用的压榨石。在上述金华酒酿造器具中，最具特色的是饭甑、酒陶、榨袋和木榨几种。

淋米器具

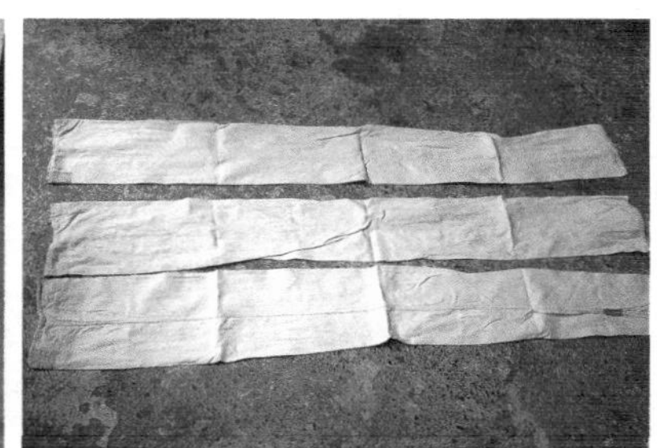
榨酒袋

酒榨

踏曲木闸

金华酒的造曲技艺

金华酒酿造技艺中最具特色的是造曲技艺。金华酒所用酒曲以白蓼曲为主，兼用红曲，有时还会在酒曲中加入天然植物或中草药。

浸米

金华酒的造曲技艺

金华酒酿造技艺是在漫长的历史过程中逐渐形成的，其中最具特色的是造曲技艺。

在原始时期，谷物因保存不当，受潮后常发霉或发芽，这些谷物可以发酵成酒，后来人们把这些发霉或发芽的谷物加以改良，就制成了适于酿酒的酒曲。发霉的谷物称为曲，发芽的谷物称为蘖。由于所采用的原料及制作方法不同，生产地区的自然条件有异，酒曲的品种丰富多彩。酒曲中含有丰富的根霉、毛霉和酵母等多种微生物，菌系复杂而繁多，不同酒曲酿制的黄酒风味差异较大，原因就是微生物群系和种类的不同。制曲原料主要有小麦和稻米，故酒曲分别称为麦曲（白曲）和米曲。用稻米制的曲，种类也很多，如用米粉制成的小曲，用蒸熟的米饭制成的红曲。麦曲，主要用于黄酒的酿造；红曲，主要用于红曲酒的酿造。酿造米酒之前，要先制好酿酒所需的曲母和红曲或白曲以备发酵使用。自唐代以后，制曲原料有两个显著变化，一是原料数量明显增多，从最初的几种原料发展成多种原料；二是纯用谷物产品的曲料愈加少见，豆类、花草、果仁、中草药被大量加入。

米酒就是以谷物为主要原料，在酒药、酒曲中含有的多种微生物的共同作用下酿制成的，不同微生物在发酵过程中进行不完全相同的代谢，有利于生成不同的有益代谢产物，使得米酒更加味浓、醇厚。金华酒所用酒曲以白蓼曲为主，兼用红曲。在长期流传过程中，由于传承不同和地域差异，在基本造曲技艺的基础上，金华酒具体又形成多种各具特色的系列。其中主要三类：一是完全采用白蓼曲酿造，历史上较著名的先后有兰溪的瀫溪春、原金华县的错认水、东阳的三白酒等，目前主要流传于婺城区汤溪镇和东阳、兰溪部分农村。二是在主要采用白蓼曲的同时，兼用红曲，这类酒以寿生酒为代表，明清以来一直是金华酒的主流，目前主要流传于金东区曹宅镇等农村。用白曲和红曲按一定的比例加酒母进行发酵，充分糖化、酒化，并十分讲究用独有的传统喂饭法，分批投料，分缸酿造工艺。三是在造曲和酿造过程中加入若干辅料，从而使金华酒具有药酒的某些特性。历史上较著名的有义乌白字酒和东阳曲酒等。目前这类酒的酿造技艺主要流传于义乌赤岸镇等部分农村。

[壹]白蓼曲

春秋时期是金华酒的成长期，此时，金华就出现了白醪酒，这是以糯米为原料，用白曲和蓼草汁水作发酵剂酿制而成的。白醪酒以其特有的风味，使金华酒崭露头角。在唐初，酒色清纯、甘醇似饴的瀫溪春，驰誉江南各都会。白蓼曲是由蓼草汁拌和精制麦粉发酵而成，不仅提供了金华酒在酿制过程中所需要的各种酶（如淀粉酶、蛋白酶），而且在制曲过程中积累了丰富的代谢产物又赋予金华酒浓郁的香味，质量优良的酒曲使得成品金华酒营养丰富，含有多种复杂的营养成分，主要为有机酸、氨基酸、酯类、糖分、糊精、甘油及较多的维生素和微量的高级醇等，民间历来有金华白醪酒补养身体的说法。现在将传统技艺中保存下来的制作方法大体介绍如下。

白醪酒于农历五月初（端午前后）开始酿造。先采集野生植物蓼草，以花、秆呈暗红色者，软而无黑点，无茸毛尚未开化的为佳。连根采拔，洗净晾干，除茎去杂，在坛中用清水浸泡月余，待其水色变黑方可。大麦经过筛除杂质，麦粒整洁均匀，然后加以细磨，使得麦皮破碎，胚乳内含物外露。然后用蓼草汁水均匀拌和，使之吸水，不要产生白心和水块，防止产生黑曲或烂曲。然后揉成半湿面团，放入方形豆腐闸中，下面铺干燥的草纸，用脚反复踩踏，越实越好。再切成小方块，便于搬运、堆积、培菌和储存。曲块用草纸包裹，实心叠

切成小方块的白蓼曲

堆，置于密封处，闷压发酵，使糖化菌正常生长繁殖；数天后调换上下面块位置，改用搁空叠堆。此过程中应该注意温度控制，如果温度过高，可通过温度、湿度较低的空气，否则就会发生烧曲现象。前后经二十几天（视天气状况而定），等到面块表面均匀长出绿霉花（黄色或白色霉花者不佳），并分布有许多小孔，发酵过程才算完毕。去除原先包裹的草纸，再分别挂于架上，在通风干燥处自然风干。出曲要及时，盲目延长时间，酶活力反而下降。成品曲应该具有正常的曲香，无霉味和生腥味，曲块表面和内部菌丝茂密均匀，无霉烂夹心。制成的白曲应该及时使用，尽量避免存放过久。现代以来，人们对机械化制曲也进行过实验。传统酒曲技术中的精华得以保留，还发展了纯种制曲。从酒曲中分离到大量的微生物，经过挑选，将优良的微生物接入培养基中，使酒曲的用量进一步降低，酒质得到提高，这已是后话了，跟我们所说的传统酿造技艺无关。

蓼草多分枝，节部膨大

制作白蓼曲的重要原料是蓼草。辣蓼草为蓼科植物柳叶蓼的全草，又名绵毛酸模叶蓼。味辛，性温。一年生草本，高0.5米~2.5米，多分枝，节部膨大，茎为红色或青绿色。叶互生，披针形，长5厘米~7厘米，上面中肪两旁常有人字形黑纹，揉之辣味。花淡红色，顶生或腋生总状花序。果小，熟时褐色，扁圆形或略呈三角形。花期初夏，果期秋季。辣蓼草在我国南北各地均有广泛分布，多生长于近水草地、流水沟中，或阴湿处。具有消肿止痛，治肿疡、痢疾腹痛等功效。《本草石遗》中记载："蓼叶，主痃癖，每日取一握煮服之；又霍乱转筋，多取煮汤及热捋脚；叶捣敷狐刺疮；亦主小儿头疮。"《岭南采药录》中记载："敷跌打，洗痣疥，止痒消肿。"而现代临床医学研究表明，辣蓼具有抗菌、抗病毒、抗炎、抗氧化、止血、抗肿瘤、镇痛等功效，其有效成分为总黄酮。

使用蓼草对于酒曲的作用已被科学界和食品酿造学者所证明，相关学术论作颇多。第一，蓼草可以促进微生物生长。辣蓼草中含有根霉菌、酵母菌等多种微生物所需的生长素，能更好地促进这些微生物的生长繁殖。科学家研究了添加不同量的辣蓼草对小曲中的微生物种类和数量、糖化力、液化力及发酵率的影响。结果表明，在一定范围内添加辣蓼草粉，小曲的糖化力、液化力及发酵率等均有明显提高。第二，蓼草可以增加酒药的疏松性。发酵用的微生物，无论是根霉还是酵母菌，在有氧条件下均有利于其生长繁殖。麦粒细磨之后颗粒较细，若不添加辣蓼草粉制作酒药，其结构比较致密，不利于氧的通透性，对曲心的微生物生长繁殖不利。因此在酒药中添加一定比例的辣蓼草粉后，大大增加了酒药的疏松性，提高了酒药的透气性，使得根霉菌及酵母菌等微生物不仅在酒药表面，还在其内部均能较好的生长繁殖，从而大大提高酒药的质量。第三，蓼草有抗氧化的功效。酒药一旦发生氧化反应，不仅会使酒药外观发黄，产生异味，更为严重的是，将破坏酒药中的正常营养成分，进而影响到酒药中微生物的正常生长繁殖。如脂肪类物质被氧化后产生脂肪酸，会破坏酒药中的酸度环境，在一定程度上将抑制微生物的生长繁殖。而辣蓼草中含量丰富的黄酮类等活性物质具有较强的抗氧化能力，能较好地抑制米粉中脂肪等物质的氧化，从而能较长时间地保持酒药中营养成分不受破坏，有效保证了酒药在贮存过程中不变质。第四，蓼草可以防虫。金华酒酒曲制作是在天气最为炎热的时候。在酒药制作完成到使用这长达三个月左右的存放期间，由于气温较高，病虫害较多，且酒药中含量丰富的淀粉、蛋白质等物质是病虫的主要食物之一，因此，制作完成的酒药如果没有自身的防虫功能，很容易受到病虫的侵害。而蓼属植物大多都具有杀虫、拒食、驱避活性，辣蓼在很早就被人们用做杀虫剂，其中含有的蓼二醛等倍半萜烯类化合物，对昆虫有很好的拒食活性。同时辣蓼草的提取物对痢疾杆菌、白喉杆菌、变形杆菌、鼠伤寒杆菌、绿胀杆菌、大肠杆菌、金黄色葡萄球菌、枯草杆菌、腊样杆菌、八叠杆菌等多种病原性微生物均有较好的抑制作用。这也是辣蓼草作为中草药的重要原因。因此，在酒药中添加一定比例的辣蓼草粉末，可有效抑制病原性微生物等杂菌，从而较好地保证了酒药中有益微生物的正常生长繁殖。

[贰]红曲

除了白蓼曲之外，金华酒兼用红曲，以寿生酒为代表，明清以来一直是金华酒的主流。元代大德年间成书的《居家必用事类全集》，非常详细完整介绍了东阳酒的造红曲法。该书是一部古代家庭日用手册类书，全集十集（亦有一说为十二集），是世界上最丰富多彩的烹饪文献宝库。明《永乐大典》编纂时，曾引用此书，今有北京图书馆特藏的明刻本，为研究我国宋、元以来民族饮食烹饪技术的重要文献。书中记载了造红曲法和天台红曲酒方法。凡造红曲，先造曲母。曲母实际上就是红酒糟。该红酒糟是用红曲酿成的。红曲相当于一级种子，红酒糟是二级种子。曲母的酿法与一般酿酒法相同。

造曲母：白糯米一斗，用上等好红曲二斤。先将秫米淘净，蒸熟作饭，用水和合，如造酒法。搜和匀下瓮，冬七日，夏三日，春秋五日，不过以酒熟为度。入盆中擂稠糊相似，每粳米一斗只用此母二升。此一料母，可造上等红曲一石五斗。

造红曲：白粳米一石五斗，水淘洗，浸一宿，次日蒸作八分熟饭，分作十五处。每一处入上项曲二斤，用手如法搓操，要十分匀，停了，共并作一堆。冬天以布帛物盖之，上用厚荐压定，下用草铺作底，全在此时看冷热。如热，则烧坏了，若觉太热，便取去覆盖之物，摊开。堆面微觉温，便当急堆起，依原样覆盖。如温热得中，勿动。此一夜不可睡，常令照顾。次日日中时，分作三堆，过一时分作五堆，又过一两时辰，却作一堆，又过一两时辰，分作十五堆。既分之后，稍觉不热，又并作一堆。候一两时辰，觉热又分开。如此数次。第三日用大桶盛新汲井水，以竹箩盛曲，分作五六份，浑蘸湿便提起来，蘸尽，又总作一堆。俟稍热，依前散开，作十数处摊开。候三两时，又并作一堆，一两时又散开。第四日，将曲分作五七处，装入箩，依上用井花水中蘸，其曲自浮不沉。如半沉斗浮，再依前法堆起，摊开一日，次日再入新汲水内蘸，自然尽浮。日中晒干，造酒用。

红曲是酒曲的一种，以大米为原料，经接曲母而成，含有红曲霉和酵母菌等微生物，具有很强的糖化能力和酒精发酵力，因其因呈红色，并生成红色色素，所以自古以来即称之为红曲，在明代《天工开物》中称之为丹曲。红曲除用于食品色素及重要制品外，主要用于酿酒，即红曲酒的酿制。红曲酒因其颜色的鲜艳，风味的独特，从古至今一直受到人们的喜爱。东阳酒的造红曲法，无论是配料量，还是工艺流程方面的搭配，都是非常合理的。这说明当时在金华，人们酿造红曲酒的经验已经非常成熟了。红曲虽然具备一定的糖化和发酵能力，却不足以单独产出高浓度酒，自古以来制备红曲酒时就另加曲来弥补其不足，这是酿造红曲酒的最大特点。例如古籍中记载的东阳酿法和天台红酒方中记载的浙江红酒酿制方法就是以酒曲作为糖化剂和发酵剂，而以红曲为辅。金华酒中的极品寿生酒，以精白糯为原料，同时加入白曲作发酵剂，用喂饭法，分缸酿造，创制了既有白曲酒的鲜和香，又有红曲酒的色和味的寿生酒。业内和史学界专家认为，今天的寿生酒工艺是我国古法白曲酿酒和当时新兴的红曲酿酒过渡型工艺的遗存，也是古代红、白曲联合使用的一种优选技术的传承。

今天流传下来金华酒制红曲工艺大体如下。以金华本地产的籼米为原料，农历七月始造。选用精白籼米，先在缸中用清水浸泡一昼夜左右（视天气情况，可适当缩短或延长），再用水反复冲洗，然后蒸熟，要求饭粒松软，熟而不糊，内无白心。待其凉后接种，闷压发酵四天左右，在室外晒干。以表面红光、内呈白色者为佳。

红曲所生长的微生物属于红曲霉菌，其种类很多。其生长特点是耐酸。从古代起，人们就掌握了这一规律，在接种时及培养过程中，加入醋酸或明矾水调节酸度。红曲培养的好坏与否，还与温度有关，故在培养过程中，堆积或摊开就是一种调节温度的方法（这和其它制曲时的方法相同）。培养过程中，湿度和水分含量更是非常关键的。湿度太高或太低均不利，调节水分或湿度的方法有多种，如喷水，或短时间的浸曲。红曲的培养过程是一个非常有趣的过程。开始时还是雪白的米饭，培养数天后，米饭粒上开始出现红色的斑点，随着培养时间的延续，米饭上的红斑点逐渐扩大，一般在七天左右，全部变红，如果继续培养，颜色会变成紫红色。

[叁]药曲

古人还在酒曲中加入天然植物或中草药。曲中用药方式一种是煮汁法，用药汁拌制曲原料，另一种方法是粉末法，将诸味药物研成粉末，加入到制曲原料中。酒曲中用药的目的，按《北山酒经》：“曲用香药，大抵辛香发散而已。”至于明代酒曲中大量地加中成药，并按中医配伍的原则，把药物分成“君臣佐使信”，那又是另外一回事了。古人在酒曲中使用中草药，最初目的是增进酒的香气，但客观上，一些中草药成分对酒曲中的微生物的繁殖还有微妙的作用。古人很早就注意到蓼草对于金华酒酿造技艺的重要性。《事林广记》所载金华酒酿法，其略云：

> 其曲亦曲药，今则绝无，唯用麸而蓼汁拌色……清香远达，色复金黄，饮之至醉，不头痛，不口干，不作泻。

若要增加酒的营养和清香，在造曲过程中还可加入若干辅料，包括桃仁、杏仁、草乌、乌头、绿豆、木香、官桂、沥母藤、苍耳草等，按一定比例搭配，入锅煎煮，所熬之汁与蓼草汁混合，再拌和麦粉。《事林广记》载有东阳酒酿法，说其曲也用药。

其实，更早的记载来自元代大德年间成书的《居家必用事类全集》，书中非常详细完整地介绍了东阳酒的曲方和酿法，可以作为古代金华酒酿造技艺的参考书。其记载的东阳酒曲方如下：

> 白面一百斤、桃仁二十两、二桑叶二十斤、杏仁二十两皆去皮擂为泥、莲花二十朵、苍耳心二十斤、川乌二十两炮去皮脐、绿豆二十斤、淡竹叶二十斤、熟甜瓜一十斤去皮擂为泥、竦母藤嫩头二十斤、竦兼嫩叶二十斤。右将五叶皆装在大缸内，用水三担浸，日晒七日，用木杷如打淀状打下。以笊篱漉去枝梗，用此水煮豆极烂，先将生桃杏泥等与面豆和成硬剂踏成片，二桑叶裹，外再用纸裹，挂于不透风处。三五日后将曲房上窗纸扯去令透风，不尔恐烧了此曲。

据明代高濂所著《遵生八笺》载，其制曲配方颇为奇特，与元代记载也有异同，可能是明代人加以改良的结果。

东阳酒曲：白面一百斤、桃仁三斤、杏仁三斤、草乌一斤、乌头三斤（去皮可减半）、绿豆五升煮气、木香四两、官桂八两、辣蓼十斤水浸七日、沥母藤十斤、苍耳草十斤，二桑叶包同蓼草三味，入锅蒸煮绿豆。每石米内放曲十斤，多则不妙。

这种以多种中药配制的方法还得到李时珍的赞许。早在宋明时期，人们在将金华酒视为美味佳酿的同时，又用它来作为制作相关食品的优选辅料。明陶宗仪《说郛》卷九十五下《食谱》即载有用金华酒制作酒豆豉的配方：

黄豆一斗五升，筛去面令净；茄五斤；瓜十二斤；姜觔十四两；橘丝随放；小茴香一升；炒盐四斤六两；青椒一斤；一处拌入瓮中捺实，倾金华酒或酒娘，腌过各物两寸许，纸箬扎缚泥封，露四十九日，坛上写东西字记号。轮晒日，满倾大盆内，晒干为度，以黄草布罩着。

《东阳县志》记载东阳酒有三白酒，即所谓水白、米白、曲白，故称“三白”。现在意义的谷物蒸馏酒叫白酒，而在我国古代一直把米酒称为白酒，当然从酿造技术而言，也是米酒的范畴。白酒又称浊酒，前引《居家必用事类全集》中东阳酒制作方法说：“白酒须拨得清，然后煮，煮时，瓶用桑叶幂之。”意思是说，白酒的酒醅比较混浊，必须加以澄清，然后再去煮沸加热。白酒的成色可能是和用白曲，其根霉繁殖呈白色有关。

酒曲中加入中草药需要慎重，特别是用量要有控制，不然适得其反。明代杭州钱塘人田艺蘅博学能文，为人高旷磊落，好酒任侠，善为南曲小令，老愈豪放，斗酒百篇。著有《留青日札》，记述明朝社会风俗、艺林掌故。书中零星记及政治经济、冠服饮食、豪富中官之贪渎、乡村农民之生活等。其中卷二四《酒法》说：“曰曲有用药者，所以治疾也。今平常酝法亦用诸品药材，惟乌头者饮之头痛耳，独金华酒用砒霜，尤当戒忌也。”金华酒在制作如果用砒霜来增加风味或是治疗疾病，确实是骇人听闻的事情，不知道田艺蘅所说是否有据？当然田艺蘅对金华酒本身没啥好感，其书《留青日札》卷二四《酒名》曰：“今金华酒不惟酒恶，其诗亦恶矣，今兰溪不如梅溪。”鉴于他对金华酒的恶感，他所说的明代金华酒酿酒加砒霜的说法，应该值得商榷。

不过，大多数传统的金华酒酿造的风味来自粮食本身的香味，很少加入中草药。清人杨万树撰有《六必酒经》（清道光二年四知家塾刻本），其中有《问答说》，略云：

问各省造酒，名酒出于何处？曰四方风俗，诸家酒材殊难尽识，酒之法千变万化，酒之名累万盈千，或以舆图名，或以药物名。不可言而尽也。姑就余之所见闻者，一一论之。我浙绍酒最佳，制曲用水不用蓼，不用药，酿法极精。色清味醇，香且美焉。故酒行天下，首推第一。宁波酒曲蘖参用，色白味正，杭省酒曲蘖对和，色清味鲜。金华酒自古擅名，制曲用蓼不用药，味美色金，价有上中下三则。

可见，金华酒在清代酿酒师看来，自古擅名的香味是酒曲和蓼草汁混合产生的，不用中草药。

金华酒的酿造过程与特点

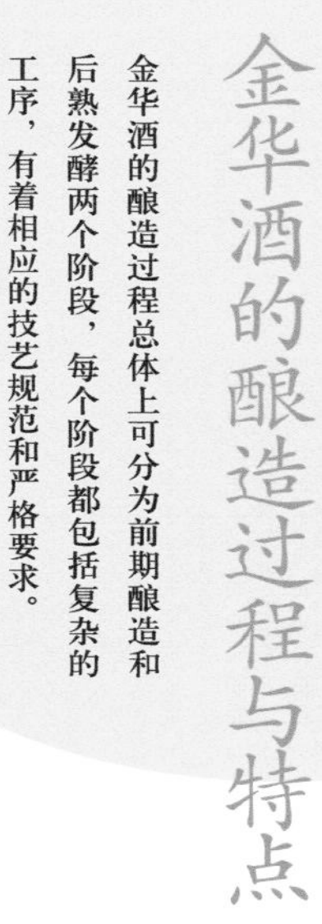

金华酒的酿造过程总体上可分为前期酿造和后熟发酵两个阶段，每个阶段都包括复杂的工序，有着相应的技艺规范和严格要求。

金华酒的酿造过程与特点

造曲只是酿酒的准备阶段。金华酒的酿造过程总体上可分为前期酿造和后熟发酵两个阶段，每个阶段都包括复杂的工序，有着相应的技艺规范和严格要求。

[壹]前期酿造

准备粮食原料、水、酒曲之后，就可以开始酿酒了。这当中，前期酿造工艺是最为复杂的部分，也是造就不同品牌的金华酒风味的关键技术，不少还是商业秘密。这里只能介绍最普遍、最传统的做法，部分最新研发或是个别传承人最独到的发明见解，因为众所周知的原因，显然无法容纳进来，介绍给读者。

其实，古人也早已经明白江南各地所产糯米，水，或者就是酒曲制作方法，大多大同小异，而这“小异”部分才是造就各地品牌米酒独特口感的秘密。明代谢榛著有《四溟诗话》，其书卷三中就把酿酒和作诗作了比较，认为两者大同小异：“作诗譬如江南诸郡造酒，皆以曲米为料，酿成则醇味如一。善饮者历历尝之曰：‘此南京酒也，此苏州酒也，此镇江酒也，此金华酒也。’其美虽同，尝之各有甄别，何哉？做手不同故尔。”元代著作《居家必用事类全集》有东阳酒的制作方法，可供参考。

东阳酝法

白糯米一石为率，隔中，将缸盛水浸米，水须高过米面五寸，次日将米踏洗，去浓泔，将箩盛起放别缸上，再用清水淋洗净，却上甑中炊，以十分熟为度。先将前东阳曲五斤捣烂，筛过，匀撒，放团箕中，然后将饭倾出，摊去气，就将红曲二斗于箩内搅洗，再用清水淋之，无浑方止，天色暖则饭放冷，天色冷放温。先用水七斗倾在缸内，次将饭及曲拌匀为度，留些曲撒在面上，至四五日沸定翻转，再过三日上榨压之。

上糟：造酒寒须是过熟，即酒清数多，浑头白（酉教）少，温凉时并热时，须是合熟便压，恐酒醅过熟。又糟内易热，多致酸变，大约造酒自下脚至熟，寒时二十四五日，温凉时半月，热时七八日，便可上糟。仍须均装停铺，手安压鈘，正下砧簟。所贵压得均干，并无湔失。转酒入瓮，须垂手倾下，免见濯损酒味，寒时用草荐，麦曲围盖，温凉时去了，以单布盖之，候三五日澄折清酒入瓶。

收酒：上榨以器就滴，恐滴远损酒或以小竹子，引下亦可，压下酒须是汤洗瓶器令净，控候二三日，次候折澄去尽脚，才有白丝则浑，直候澄折得清为度，则酒味倍佳，便用蜡纸封闭，务

在满装。瓶不在大，以物阁起，恐地气发动酒脚，失酒味，仍不许频频移动。大抵酒澄得清更满装，虽不煮，夏月亦可存留，

煮酒：凡煮酒每斗入蜡二钱，竹叶五片，官局天南星员半粒，化入酒中，如法封系。置在甑中（秋冬用天南星丸，春夏用蜡并竹叶）然后发火，候甑草上酒香透，酒溢出倒流，便更揭起甑盖。取一瓶开看，酒滚即熟矣。便住火良久，方取下置于石灰中，不得频频移动，白酒须拨得清然后煮，煮时瓶用桑叶幂之，庶使香气不绝。

古往今来，经过多少岁月的改变，古而有之的技术和现代技术既有继承关系，又有创新之处。传统金华酒酿造以当年产的糯米为主原料，立冬后开始造，其过程包括近二十道程序，其中主要有：

浸米

一、浸米。将米在缸中用清水（用井水更佳）浸泡，天热时不超过一昼夜，天冷时不超过两昼夜。米投入时，水面应该高于米面10厘米至15厘米。具体开始

酿造的时间没有具体规定，不过一般金华酒取冬水为主要酿造水，所以一般选择在冬天酿造。从气候角度来看，每年二月到八月为春夏时节，温度、雨水等天气状况变化较大，在科技水平还不高的情况下，对于对温湿度要求较高的酿造业而言，确实不如温湿度相对稳定的冬天。而且从酿酒原料的糯米而言，秋冬新收获的糯米新鲜程度要好于春夏时节，相对新鲜的谷物肯定更有利于酿造出更好的金华酒。如寿生酒的投料生产季节又严格限定在农历立冬起到开春前止的正冬，让其在低温环境下慢发酵，故素有“冬浆冬水酿冬酒”的说法。其慢发酵的时间，比普通的黄酒长达五倍以上，使淀粉糖化、酒精发酵、成酸作用和成酯作用等生化反应，同时交叉逐渐进行，糖分浓度较低而味和曲香并存。

二、淋米。将浸泡之米置于竹篮沥干，再用清水反复淋洗，关键

将浸泡之米置于竹篮沥干

沥干后，再用清水反复淋洗

是洗去黏附在米粒上的黏性浆液。

三、蒸米。用木制饭甑置锅上蒸煮，先放底层米，等米蒸至发烫，有粘性，再放入第二层米。以此类推，直至饭甑三分之二处。蒸米时饭甑不用上盖，以便蒸气能由下而上流动。蒸饭要求是“饭粒疏松不糊，成熟均匀一致，内无白心生粒”。

蒸米

将蒸熟的米饭放在竹席上

四、摊饭。将蒸熟的米饭放在竹席上，用木楫翻拌使其摊开凉透。不少现代的金华酒厂已经改进使用鼓风机冷却方式代替，可以实现蒸饭和冷却的连续化生产。

用木楫翻拌使其摊开凉透

五、泡曲。将干燥曲块用清水浸泡，使其化开。

将干燥曲块用清水浸泡，使其化开

六、下缸。下缸前，要将发酵缸及一切器具先清洗并用沸水灭菌。将米饭放入酒缸中，加入浸泡的酒曲。一般每百斤米用白蓼曲10斤至14斤，若兼用红曲，则按一定比例与白曲混合。再加水，一般每百斤米，加水百斤，可酿酒150斤。当然不同品牌、不同品质的金华酒配比不同，这里恕难以一一介绍。

将米饭和酒曲下到缸中

七、拌曲。用手反复搅拌，使米饭和曲水均匀分布，

拌曲

呈糊状，使得缸内原料和酒曲接触均匀、温度均匀，其中温度根据气温来灵活掌握，一般要在27度至29度，关键是看酿酒师的经验。

八、破皮。这是金华酒酿造中的重要环节，作用主要有调节温度和适当供氧。原料和酒曲接触之后，便开始糖化和发酵的过程，入缸后一昼夜，随着微生物的繁殖，温度逐步上升，缸内可听到“嘶嘶”的发酵声，并产生大量的二氧化碳气体，酒液上形成厚厚的米饭层，用竹筷挑破米饭表层凝结而成的薄皮，以便出气，破皮的时间和次数由酿酒师来把关，这也是较难掌握的关键技术。不同酿酒师会根据气温、米质、酒曲质量、成品所需的甜度和酒精度的不同，调整操作方法。

九、发酵。破皮后，视发酵情况，每隔数天进行搅拌，使发酵均匀，直到清水上浮、米饭下沉为止。成熟的酒醅应该是酒色澄清透亮，色泽黄亮，

发酵

若是色泽淡而混浊，说明还没有成熟或已变质，如果说色发暗，可能是过熟，压榨不及时而导致。成熟的酒醅酒味浓郁，口感清爽，应有

正常的香气而无异质杂味。

十、榨酒。又称过滤，就是把发酵的酵醪液中的酒和酒糟分离开来。古人最初酿酒可能是不压榨的，饮酒时连酒带糟一起喝，后来发明竹篾把新酿的酒醅稍加过滤而直接饮用，其酒比较混浊，因为里面有大量的细小颗粒和碎屑，就是古书中记载的“浮白”或者“浮蚁”。由于原酒液中含有糊精和蛋白质，不利储存，必须要将其分离，以提高成品酒的稳定性。将所酿酒连同酒糟放入生丝织成的酒袋中，要求是糟粕不易粘在滤布上，易与滤布分离，牢固耐用，吸水性差。过滤面积尽量要大，过滤层要薄而均匀。用木榨反复挤压，加压不能过急，开始过滤时，要利用酒液自身的重量进行过滤，逐步形成滤层，待酒液流速减慢时，逐步加大压力，最后升到最大压力，维持数小时或数十小时。

榨酒

十一、沉淀。将压出的酒放入酒缸进行沉淀，以去除酒液中微小的固体物、菌体等杂质。同时挥发掉酒液中低沸点的成分，如乙醛、硫化氢等，改善酒味。澄清时温度要低，澄清时间也不宜过长。当然经过澄清的酒液可能还有部分极为细小、相对密度较轻的悬浮颗粒，仍然影响清澈度，必须再进行一次过滤，使其更加透亮。

十二、灌坛。将沉淀后的酒灌入酒坛，少者二三十斤一坛，多者四五十斤一坛。金华酒历来采用陶坛包装，陶坛本身具有良好的透气性，对金华酒后期发酵较为有利，灌装之前，要做好清洗、灭菌和挑选工作，检查是否有渗漏。坛口用箬叶包裹，以便在酒液上方形成酒气饱和层，使得酒气冷凝液回到酒中，形成缺氧而近似真空的保护层。

灌坛

十三、蒸酒。将坛装酒连坛放入酒陶中蒸煮，直到坛中酒烧开为止。目的是为了杀灭其中所有的微生物，破坏酶的活性，使酒的成分基本固定下来，防止贮藏期间腐败变质。二来可以使可溶性蛋白质沉淀下来，酒的色泽更加透亮。高温加热会导致酒液较大程度的变异，加速形成有害的氨基甲酸乙酯，同时酒精成分挥发损失过大，焦糖含量上升，酒色加深，所以蒸酒的温度不宜过高，低温慢慢加热，同样可以起到控制发酵和灭菌消毒的效果，同时酒液的颜色和香味也不至于受到太大影响，这种低温加热灭菌法，就是现代酿酒业常用的巴氏灭菌法。至于蒸酒的时间则完全凭经验掌握。在这过程中，挥发出来的酒精经过收集，冷凝成液体，俗称“酒汗”，香气浓郁，可以用于酒的勾兑，亦可单独出售。

十四、封泥。蒸酒后，待酒凉透，在酒坛封口箬叶上加泥头，寿生酒还采用荷叶等含香植物叶子密封。封泥采用田泥，加入一定数量的麦芒或谷糠，用脚踏烂。泥头作用是便于运输和堆积贮放，同时可以有效隔绝微生物进入酒坛，让酒液可以进行呼吸作用，从而使酒质得以进一步陈化。目前也有用石膏代替泥头的做法，使得包装更加美观。

[贰]后熟发酵

封泥后，还要将酒储存一段时间，以便进行后熟发酵，目的是增加醇度和清香味。新酒口味粗糙，闻香不足，口感刺激，不柔和，经过储存，色、香、味都会发生变化，酒液变香。色的方面，经储存，酒中的糖分和氨基

后熟发酵可以增加酒的醇度和清香味

酸结合，产生类黑精，酒色变深就是老熟的标志。

金华酒存储时间没有明确的界限，少则一二个月，多则一二年乃至更长，总体而言，不宜过长，否则酒的损耗过大，酒味变淡，酒色过深，还会带来焦糖的苦味。储存期间，气温较低时置于阁楼上，天热时则置于地窖，总之酿酒师要根据酒的种类、储酒条件、温度变化掌握适宜的储存时间，判断老熟与否的主要依据为感官味觉。如寿生酒的后贮期一般不少于二三年，才可出厂上市。寿生酒的后贮期，能使酒液自然醇化，香味增浓，故陈酿寿生酒有增至八年甚至十年的。储存的地方最好要宽大、阴凉、通风良好，避免日光直接辐射，酒坛之间有一定的间隙，以利于通风和翻堆。

[叁]酿造特点

金华酒就其渊源而言，已有两千多年的历史。即便从其在唐宋时期开始名闻各地算起，迄今也已有一千多年。在漫长的历史发展过程中，它一度风靡全国，金华酒的酿造技艺在实践探索中不断发展和完

《浙江通志》中有关于金华酒的记载

善，形成了自身的一系列特点。其中主要有以下几方面：

第一，独特的造曲方法。造曲是米酒酿造的关键技艺之一，对酒的品质有着决定性的影响。传统的金华酒主要以白曲作为糖化发酵剂，其原料除一般白曲所用的麦粉外，又加入蓼草汁，以促发酵、增辛辣。由此酿造的酒，

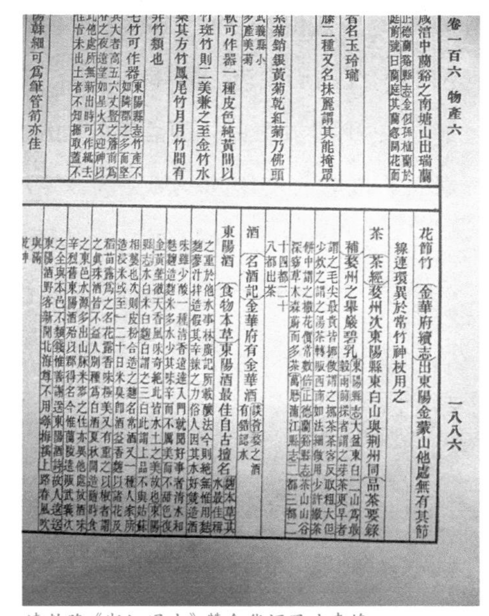
卷一百六 物產六
咸淯中蘭谿之南塘山出瑞蘭
正德蘭谿縣志金似孫植蘭於庭前號曰蘭庭其蘭忽開花面
者名玉玲瓏
滕二種又名抹麗謂其能掩衆
系菊銷銀黃菊乾紅菊乃佛頭
武義縣小多產美菊
軟可作器一種皮色純黃間以
竹斑竹則二美兼之至金竹水
桑其方竹鳳尾竹月月竹間有
非竹類也
七竹可作器 東陽縣志竹產不如隣郡之多而堅其大者高五六丈豎之簷前爲春之夜遠望如星火又迎神以其他處所無新出時可作紙去在昔未出土者不知掘取蓋不
陽韓細可爲筆管荀亦佳

花節竹 金華府續志出東陽金蒙山他處無有其節
綠連環異於常竹神杖用之
茶 茶經婺州次東陽縣東白山與荊州同品茶要錄
補婺州之舉巖碧乳 東陽縣志大盆東白二山爲最穀雨前採者謂之芽茶更早者謂之毛尖最貴皆揶傚謂之撮茶茶客反取粗大但少飲之謂之湯茶轉販西商如法細傚用少許撒茶餅中謂之撒花價常數倍正德蘭谿縣志茶山山谷深窮草木森蔚而多茶萬曆蒲江縣志二都三都二十四都二十八都出茶
酒 名酒記金華府有金華酒 談薈婺之酒有錯認水
東陽酒 食物本草東陽酒最佳自古擅名 麴本草其水最佳稱之重於他水事林廣記所載釀法今則絕無惟用麩麴蓼汁拌造假其辛辣之力俗人因其水好競造酒味雖少酸一種清香遠達入門就聞好事者清水和麩麴造麴米多水少其味辛而不厲美而不甜色復金黃瑩徹天香風味奇絕此皆水土之美故也東陽縣志水白米白麴白謂之三白此謂上品不與姑蘇相襲也次則皮粉合造之麴名常酒又一種人家所造袋米或至一二十日米臭即酒益香麴以諸花及稻苗露爲之名花露香味極美又有重之以椒者謂之真珠酒皆不益人別種爲白酒夏秋間造隨時食之東色水源多出山脉米麥之性亦與他處故酒味辛烈舊東陽酒殆以郡得名今惟蘭陵造販武義次之全與本色不類錢惟善謝送東陽酒詩故人遠送東陽酒野客新開北海尊不用崢嶸搖上路春風吹與醉花神
一八八六

清乾隆《浙江通志》赞金华酒风味奇绝

按乾隆《浙江通志》所说："其味辛而不厉，美而不甜，色复金黄，莹彻天香，风味奇绝"；乾隆《东阳县志》也说："水白、米白、曲白，谓之三白，此为上品，不与姑苏相袭也"；明代学者王世贞在《弇州四部稿》卷四十九谈到金华酒时也赞叹道："金华酒，色如金味，甘而性纯，食之令人懑懑。即佳者十杯后，舌底津流旖旎不可耐。"可以说，用蓼草汁造白曲是金华酒酿造技艺的最大特色之一，也是其与其他米酒酿造技艺的显著区别所在。

第二，优化的用曲方法。金华酒在用白蓼曲的同时，又兼用红

曲，由此酿造的寿生酒，既醇厚爽适，具有麦曲酒的香，又澄红鲜亮，具有红曲酒的色。业内和史学界专家认为，沿袭至今的寿生酒用曲法，是我国古法白曲酿酒向红曲酿酒过渡型工艺的遗存，也是古代红、白曲联合使用的一种优选技术的传承。

第三，严格的时间安排。金华酒的酿制过程包括三个阶段：一是造曲，端午前后始造，至伏天方成；二是前期酿制，冬至后开始，月余方成；三是后发酵，前期酿制后，灌坛储藏，少则一二个月，多则一二年乃至更长。

第四，复杂的酿造工序。金华酒从采蓼草造曲到后发酵，其中分为数十道工序，每道工序都要根据气候和酿造情况，随时进行适当调整。

第五，汁浓味醇，营养丰富。金华酒除了选用精白糯米作为基本原料外，其白曲也采用多种成分。李自珍《本草纲目》在谈到金华酒时说，“入药用东阳酒最佳，其酒自古擅名”，“饮之至醉，不头痛，不口干，不作泻”，又说，“东阳酒即金华酒，古兰陵也。李太白诗所谓‘兰陵美酒郁金香’，即此。常饮、入药俱良”。

金华酒酿造技艺是我国古代早期米酒酿造技艺的典型代表和完整遗存形态。从某种意义上可以说，流传至今的金华酒酿造技艺，是古法白曲酿酒技艺的“活化石”。金华酒酿造技艺有着鲜明的地方特色，这既是其在历史上长盛不衰的重要因素，也是金华酒在我国米酒发展史上之所以具有独特地位和文化价值的原因所在。金华酒的酿造技艺及其历史演进过程，蕴含着丰富的文化内涵，是我国传统酒文化颇具特色的重要组成部分，也是江南内陆盆地丘陵地区传统生活文化的重要载体。

不过，相对于绍兴酒而言，对金华酒传统酿造技艺的科学基础原理研究还远远不够。我们对金华酒主要成分的水、乙醇、糖类、蛋白质、有机酸、氨基酸的类别及比例都没有科学的认识。特别是对决定其香气和风味的微量成分，如醛类、酯类、醇类、酚类、无机盐、微量元素等还没有进行科学严谨的研究。金华酒品种众多，特别是作曲方法各异，有白曲、白曲加红曲、也有单红曲、也有添加多种中草药后的药曲。如何区分产自金华地区的不同品质的米酒，对它们分出等级还没有统一的地方行业标准。不仅如此，与其他米酒相比，如何区别金华酒的营养价值、感官风味也没有统一的标准，一些理化指标，如酒精度、氨基酸含量、非糖固化物、pH值、挥发酯含量，一些感官指标，如色泽度、香气、口味、风格等都没有明确的标准规定。所以金华酒走出困境的一大迫切举措就是要制定统一的行业标准。

金华酒酿造技艺的传承与发展

金华酒酿造技艺是在民间酿酒活动的实践中逐渐形成的。清末以来，金华酒酿造技艺才形成较明确的传承关系，而现代大型企业则以培训传承为主。

金华酒酿造技艺的传承与发展

金华酒酿造技艺是在民间酿酒活动的实践中逐渐形成的。从有关文献的记载来看，作为金华早期白蓼曲酒代表的瀫溪春和错认水，最初分别出现于今兰溪长乐镇和金华婺城区；兼用白蓼曲和红曲的寿生酒，最初出现于金华城区的酒坊；具有药酒特性的白字酒，最初出现于今义乌佛堂镇。但这些金华酒的酿造技艺以乡村家庭之间互相学习和经验继承为主要传承形式，历史上传承谱系混乱而缺乏明确的传递过程。清末以来，才形成较明确的传承关系，而现代大型企业则以培训传承为主。

[壹]传承人

金华酒酿造技艺作为一项传统的手工技艺，包括制曲、浸米、蒸饭、发酵、破皮、蒸酒、后熟发酵等多道工序，作为合格的传承人应该要掌握基本流程的技艺。根据相关的调查，传统传承谱系至今且较为典型的有：

和国章一系。和国章，义乌人，生活于19世纪末至20世纪中期，民国时期为金华县（今金华市金东区）曹宅镇曹恒聚酒坊酿酒师傅，其师从情况不详。传人曹根富，1937年生，现住曹宅镇，下无传人。

余阿妹一系。余阿妹，原金华县人，生于20世纪初，擅长酿造寿生酒，已去世。其传人黄柏村，1946年生，现为金东区曹宅镇寿生酒厂酿酒师傅，下无传人。

叶德均一系。叶德均，金华婺城区汤溪镇人，生于20世纪初，擅长酿造纯白蓼曲酒，已去世。其传人叶义田系堂弟，1930年生，现生活于汤溪镇中戴村，下无传人。

金华酒酿造技艺属于传统的手工艺，传承方式主要是家族内传承和师徒传承，由于全靠经验，存在许多“不可言传，只可心授”的经验，师徒传承成为重要的传承方式。由于历史的原因，除了上述的传承人之外，还有许多知名或者不知名的酿酒师傅为“金华酒酿造技艺”这一国家非物质文化遗产的传承默默奉献，呕心沥血，为金华酒的传承贡献了自己的力量。在金华有句古话：“端午夏日造曲忙，立冬过后糯米香。春节酒缸噻胭脂，来年新春飘酒香。”反映了家家户户必做金华酒的场面，可以说，古时候金华酒酿造技艺的传承依靠的就是这样家族式、作坊式的传承。值得我们深思的是，在商业大潮下，金华酒酿造技艺的民间传承已经衰微，如何保护、沿袭金华酒酿造技艺中最为古老，甚至可以说是精华的部分，把其中技艺流程进行整理研究，传于子孙后代，值得有关部门注意。同时，在政府的支持和相关企业的培养下，出现了一批既懂酿造理论知识，又有丰富实践经验的专业酿造人才，限于篇幅，在此恕难一一列举了。

[贰]传承企业

2008年，自国务院批准“金华酒酿造技艺”列入国家级非物质文化遗产以来，金华酒酿造企业深受鼓舞，同时将传承传统正宗金华酒酿造技艺的重任扛在肩，这其中较为知名的企业有以下几家：

1. 杭州浙牌酒业有限公司（金华浙牌酒厂）

据公开资料介绍，金华浙牌酒厂原名为国营金华寿生酒厂，源发于金华县曹宅古镇上的百年老酒坊。大约在清末民国初期，镇里一曹姓大财主的三个儿子分别在镇上开办了曹恒聚、曹恒泰、曹同茂

酒坊外景

三家酒坊，前店后坊，手工制造寿生酒，酒质特佳，深受顾客欢迎。各酒坊年产酒百余吨。据《金华县志》记载，1915年，他们酿制的寿生酒在巴拿马博览会上荣获金奖。新中国成立初期，酒坊产销合一。1951年9月起，实行酒类专卖制度，对酒坊酒商进行登记。1953年底，酿酒用粮计划分配，成品酒实行统购统销。

1956年，工商业进行社会主义改造，实行公私合营。1957年，

酒坊内堆着的酒坛

曹同茂、曹万新（从曹恒聚分出）公合三家酒坊合并，取各自老号一字，定名为“同新合酒厂”，实行公私合营。万益元、章福、黄乃鸿分别为三家酒坊的私方代表，公方代表叶金品为第一任厂长，职工十余人。酒厂设于原曹恒聚酒坊，面积2000余平方米。

1959年起，“同新合酒厂”由公私合营转变为国营企业，并入金华县酒厂，成为酒厂专门生产寿生酒的曹宅车间。第一任厂长为叶子春。在党和人民的关怀重视下，酒厂对寿生酒作了大量的抢救和发掘工作，力图使寿生酒恢复传统的品位和地位。1963年在全国第二届评酒会上，金华县酒厂生产的寿生酒被评为国家优质酒，获银质奖。但由于这一时期绍兴酒声誉鹊起，而寿生酒的知名度仅限于本县市，市场狭小，再加上主要生产原料大米属国家统购统销物品，所以寿生酒的生产受到了严重的制约。

1986年7月，金华区撤销，金华市酒厂的曹宅、孝顺两车间划归金华县，金华县在曹宅车间的基础上创办了国营金华寿生酒厂，第一任厂长为张金尧。为了恢复和发扬传统的名优食品生产，1987年金华县政府对寿生酒厂进行了5000吨扩建技术改造，安装了最先进的榨酒机、蒸饭机和消毒煎酒机以及成套现代化的化验设备，并将寿生酒厂搬迁到位于曹宅法尚寺占地65亩的原五七干校。1987年，酒厂酒年产量1000吨，1988年达2000余吨。通过对传统生产工艺的整理和完善，寿生酒的品质日益提高。

继扩建项目基本完成后，寿生酒厂也开始了一些广告宣传。1988年，“锣鼓洞”牌寿生酒就开始在《金华日报》做通栏广告，接下来又在金华老人民广场的足球赛场旁做了一个大的广告牌。“锣鼓洞”牌寿生酒1990年荣获“西湖国际博览会金奖”，1991年荣获“浙江省国货精品奖”，1992年荣获“浙江省首届食品博览会金奖”，1993年荣获“北京国货精品奖”。1988年12月，首届中国食品博览会在北京召开，国营金华寿生酒厂的“锣鼓洞”牌寿生酒和金华市啤酒厂生产的“松鹤”牌寿生酒双双荣获金奖，在博览会上受到了当时国务院总理李鹏和王光美同志的赞誉。在获得金奖后，国营金华寿生酒厂于12月28日在北京召开了金华寿生酒咨询会，邀请了严济慈、卜明、李学智、艾青、鲁光等领导和著名人士，以及新华社、人民日报、中央电视台、中央人民广播电台、经济日报、工人日报等多家新闻单位参加。严济慈题写了“金华寿生酒厂”厂名，艾青也挥毫题字“金华寿生酒”和“常饮寿生酒，健康又长寿”。在金华籍的新华社驻意大利分社记者黄昌瑞、傅仙芬的帮助下，金华寿生酒还进入了北京饭店、民族饭店等高级酒店并在仿膳饭庄的满汉全席上使用。为了推进寿生酒的销售，艾青还给当时任昆仑饭店副总经理的海岩同志写了推荐寿生酒的亲笔信。为满足金华市民购买正宗金奖产品“锣鼓洞”牌寿生酒的需求，1991年1月24日，古色古香的寿生酒庄在后街莲花井开张，著名书法家郭仲选题写了牌匾，章关键副市长为酒庄开业题诗（藏头诗）祝贺，诗云：“寿进琼浆唯芬芳，生入雅座当慨慷。酒有晋字凝古色，庄夺咸亨溢新香。”市委常委、宣传部长沈才士，副市长林峰，市政协副主席陈泽安、吕世棠参加了开业式。

市工商局吸取了金华火腿商标的教训，动员金华市啤酒厂在1991年将“寿生”注册为产品商标，1993年，金华寿生酒厂忍痛割爱，果断推出新的金华酒品牌——“锣鼓洞”金华府酒。首先解决的是传统寿生酒的沉淀和口感偏酸问题，酒厂派人员去绍兴多家酒厂学习解决方法并进行技术改造，同时在《金华日报》上打出“发现一坛酸酒，调换一坛还奖励一坛”的广告承诺。由于传统大酒坛使消费者购买起来不方便，酒厂便采取了免费送货上门的经营思路，并在金华电视台做“锣鼓洞”金华府酒广告，同时在《金华日报》、《金华晚报》、《金华科普报》、《钱江晚报》、金华电视台、金华38频道、金华有线电视台、苏州电视台等媒体投入了大量的宣传广告。明清时期，金华酒已经风靡全国，成为江浙一带黄酒的代表，那时的人们将金华酒称为“浙酒”，并以能饮用“浙酒”为荣。据此，为了品牌、产品名称、企业名称的统一，有利于品牌的推广宣传，酒厂及时增挂了金华浙牌酒业公司企业名称，和国营金华寿生酒厂两块牌子一套班子，产品名称逐步调整为“浙酒”品牌，企业形象为“浙牌酒业”。通过几年的宣传，“锣鼓洞牌金华府酒”、“浙酒”在金华地区已成为妇孺皆知的产品。1995年，“锣鼓洞牌”商标荣获“金华市知名商标”，在金华市工商局召开的全市创名牌大会上，金华寿生酒厂厂长何学军还做了专题的经验介绍。1997年，“锣鼓洞牌”商标和“浙牌”商标又双双荣获首届“金华县知名商标”。“锣鼓洞牌”金华府酒，1994年10月和1995年10月被指定为“金华火腿文化博览会”用酒，也是当时金华市政府的接待用酒，畅销金华周边县市、新安江、丽水等地区，并于1996年在原省人大副主任孔祥有同志的牵线搭桥下，实现了有史以来金华酒的首次出口。1996年，为了适应企业不断发展的需要，集餐饮、办公、住宿为一体的浙酒大酒店在中山路（老火车站）上隆重开业，酒店共五层，采用免费饮用金华府酒的营销模式，曾一度顾客盈门，座无虚席。经过几年的不懈努力，金华寿生酒厂有了长足的发展，产销量比四年前增长了十多倍。浙牌酒业已成为原金华县委、县政府重点扶持做大规模、组建集团的企业之一。

然而，寿生酒厂虽在寿生酒的销售宣传上做了很多工作，但由于历史原因，该企业历史遗留包袱沉重。1988年后，金华酒业市场管理开放，受到地方上私营酒厂的剧烈冲击，再加上企业管理和营销上相继出现了一些问题，结果造成产品积压，生产一度陷入困境，企业连年出现亏损。由于企业的高负债率已严重影响了招商引资，使企业无法做大规模的再发展，1997年10月，原县委县府改制工作组经过深入细致的调查和研究，采取“浙牌酒业与寿生酒厂脱钩，寿生酒厂单独设立法人，债权债务分开，使浙牌酒业轻装上阵，由浙牌酒业公司采用股份制的形式引进资金，把浙牌酒业做大”的改制方案。企业成立了具有独立法人的由国营金华寿生酒厂全体职工参股的金华县浙牌酒业有限责任公司，并受让了“浙”、“锣鼓洞”、“曹宅”等注册商标，于1998年2月28日经国家商标局核准转让。由于全体职工参股的企业改制不彻底又形成了新的大锅饭，1999年3月，由原国营金华寿生酒厂和新浙牌酒业公司的法人代表何学军进行了股权集中。为了浙牌产品能更好地辐射全国市场，同时又考虑到杭州的区域优势，2000年4月1日，经公司股东会决定组建了杭州浙牌酒业有限公司，并于2000年5月28日经国家商标局核准转让以上商标，以便更好地引进资金，做大做强浙牌酒业。2007年12月28日，国家商标局正式核准“府酒”商标注册，金华的“府酒”商标终于受到了国家法律的保护。

杭州浙牌酒业有限公司在转让了浙酒等商标后，积极筹集资金做大做强浙牌酒业，重振金华酒雄风。由于绍兴酒已有很高的知名度，公司股东也曾考虑在绍兴投资建厂，但是最终还是考虑在金华建厂，因为浙酒出自金华，金华酒又有一定的文化底蕴和基础，金华又有比较支持的各级政府和部门。因此，在2002年初，公司股东多次到金东区金三角开发区、曹宅开发区、塘雅开发区考察商谈投资创办金华浙牌酒厂事宜，在塘雅镇政府优惠条件和金东工商分局积极引资、洽谈下，分别与金东工商分局和塘雅镇政府签订了“招商引资意向书”和“征地协议书”，决定在金东区塘雅工业园投资创办金华浙牌酒厂。在区领导、镇政府、工商分局等有关部门的大力支持下，企业于2002年9月顺利投产。

金华浙牌酒厂占地二十一亩，第一期已投资一千余万元。经上级部门批准，1997年改制时购买了十余年陈的传统寿生酒二万多坛（四十五市斤每坛），现在还保存着六千多坛，按照目前最低销售价格一百元每市斤折算，价值达二千七百万元。金华浙牌酒厂开始就以高标准设计规划。工厂设计以传统的酒坊与现代酿酒工艺相结合，厂房既具有江南传统特色又有现代标准厂房的规模，使企业既具有丰富的文化内涵，又能生产出高品质、令人放心的产品。金华浙牌酒厂预计总投资二千万元以上，该投资规模是目前金东区（包括市本级）民营酿酒行业中规模较大的企业之一。在金华市生产传统地方特色产品的行业里（包括火腿、酥饼、佛手等行业），该企业规模也算不小。

金华酒虽然有着悠久的历史和文化，但产品一直以袋装为主。为改变金华酒由于包装、质量低档一直走不出去的现状，该厂相继开发了半干型三年、五年、八年等高档黄酒，生产的浙酒除了畅销金华周边地区之外，还借托杭州浙牌酒业有限公司、杭州浙牌商贸有限责任公司的销售渠道和销售平台，销往北京、天津、上海、广州、重庆、江苏、福建等大中城市，并已成功进入沃尔玛、家乐福、欧尚等大型连锁超市。“浙酒”被指定为“2006年政府创新和中小城市发展高峰论坛北京人民大会堂指定用酒”，金华酒首次进入了北京人民大会堂的宴会大厅。

金华浙牌酒厂为了配合推广按照金华酒酿造技艺生产的府酒的销售和展示工作，金华浙牌酒厂（浙牌酒业）在市区古子城的状元坊内投资开设“金华府酒酒庄”，以展示金华酒文化，让消费者品尝到真正按照金华酒酿造技艺酿制的高档陈年府酒。府酒酒庄除了专卖和品尝原汁原味的高品质府酒外，还能品尝到民间各种经过加工后的更有营养的府酒，如话梅府酒、姜丝府酒、蛋花府酒、核桃府酒、婺茶府酒等。为了更好地展示金华的非物质文化遗产，酒庄每天还进行金华道情表演，让市民融入“品府酒、听道情”的氛围之中。

2. 义乌丹溪酒业有限公司

义乌市丹溪酒业有限公司位于义乌市赤岸镇双尖山下，生产金华酒系列中以红曲造酒的丹溪牌系列红曲酒。丹溪红曲酒呈深琥珀色，香味柔和，味感绵甜，醇香品正，既能补充人体必须的氨基酸营养成分又能分解清除肠内油腻，帮助消化。早在唐代，义乌赤岸人每年立冬后家家户户都取丹溪之水，用红曲、谷物酿造米酒自饮成为一种习俗，这便是丹溪红曲酒原始的雏形。传至五代吴越，赤岸村落民间酿制的红曲酒成为贡品，年年列为岁贡之列，于是用红曲酿造的丹溪红曲酒就逐步趋向成熟。至宋朝，赤岸先民将红曲酒通过运河运往河南开封府，声誉鹊起，红曲酒红遍了开封府。据《义乌县志》记载，早在宋淳熙年间（1174—1189），义乌除了田土赋、盐官、土贡外，还有酒务租额，且有村坊二十一处。至元代，赤岸人朱震亨（1281—1358），居所丹溪之旁，学者尊称其“丹溪翁”，后人因之称朱丹溪。朱丹溪终生行医为业，他将红曲和用红曲酿造的酒应用于医学中，并将其药用功效和酿造方法写进了《本草衍义补遗》一书中，由此红曲酒的饮用和药用价值得到了升华。明朝李时珍又把《本草衍义补遗》中红曲酒的制作方法和功效记载在《本草纲目》中。清朝乾隆二十八年（1763年），朱丹溪后裔子孙沿袭先祖遗训，以先祖《本草衍义补遗》中著述的传统工艺酿造丹溪红曲酒，深得乾隆皇帝的喜欢，使家坊酿造的丹溪红曲酒蜚声在外。

元明清以来，丹溪后人口耳相传，传承并传播传统红曲酿酒工艺。红曲酒一直采用作坊式制作，红曲以酒的形式存在，并通过酒的流通传播。据史书记载：明清以来，金华酒进入“曲来酿酒春风生，琼浆玉液泛芳樽”的鼎盛时期，引导着华夏米酒潮流。袁枚在《随园食单》中评析道：“义乌酒，有绍兴酒之清，无其涩；有女贞之甜，无其俗。亦以陈者为佳，盖金华一路水清之故也。”据1947年统计，义乌全县有大小酒坊二百多家。可见当时丹溪红曲酒在义乌的传承和影响。但是丹溪红曲酒的规模一直停留在家庭作坊制作，发展不大。

1979年，朱丹溪后裔仍然恪守先祖遗训，又以丹溪独特的人文精神和地理优势，创办了赤岸公社酒厂；1984年改为义乌丹溪酒厂，并向国家工商局申请注册了“丹溪牌”商标；1998年组建丹溪酒业公司，老字号似乎焕发了勃勃生机。但好景不长，20世纪90年代，以勾兑酒为主的劣质品开始以低廉价格挤占市场，受到市场冲击的丹溪红曲酒销售逐渐转入低谷。这导致了刚刚有所起色的义乌丹溪酒厂被迫改制拍卖。转制后的义乌丹溪酒厂，走上了以现代酿造技术改造传统工艺的道路。

在有关部门的牵线下，1999年，丹溪酒业有限公司与浙江工业大学红曲酒类研究所合作改进酿造技术，联合开发新产品，同时聘请中科院微生物研究所、北京联合大学等科研院校的专家为常年技术顾问，组建了丹溪红曲酿造技术研究中心和丹溪药用生物研究所，由专家负责对公司里的技术人员进行全面的培训。通过技术升级，丹溪红曲酒被注入了新的生命。丹溪红曲酒既传承了先祖的传统酿造工艺，又融入了现代生物技术，通过诱变分离培养出我国独一的红曲菌种，获得了国家发明专利。公司利用丹溪红曲专利菌种研发出两个浙江省科技新产品：“丹溪降脂红曲酒”和“丹溪虫草红曲酒”，并联合高等院校、科研院所，成功完成了两个浙江省重点科研项目：“高含量天然γ-氨基丁酸红糟技术及降血压食品的研制”和“丹溪降脂红曲醋”。高含量天然γ-氨基丁酸红糟技术及降血压食品的研制项目被列入省重点科研项目并于2007年9月通过浙江省科技厅专家组验收，丹溪降脂红曲醋项目列入了国家科技部的成果转化项目，并于2008年4月通过验收。公司在科研和自主外观设计过程中，共荣获了八项国家发明专利和八项外观专利。"酿酒功能红曲的开发与生产应用"申报了浙江省重大科技专项项目。丹溪红曲酒成为了当今黄酒的高端产品，是独特的中国红曲酒有机食品品牌。

与此同时，为了带动当地农民共同致富，2003年，丹溪酒业有限公司在义乌市赤岸镇建立了1270亩无公害稻米生产基地，与农户签订合同，通过"五统一"（统一标准、统一供种、统一育秧、统一管理、统一收购）的管理模式管理农户。公司不但从中国水稻研究所引进高产优质糯稻新品种——春江糯2号发给农户，而且以高于市场价0.2元每斤的价格，订单回收农民种植的糯谷，使基地480户农户增收16.3万元，带动农户1430户。在提高农民收入的同时，企业也获得了巨大的经济效益和社会效益。丹溪红曲酒先后荣获"浙江省著名商标"、"中华老字号"的称号，企业也先后获得了"浙江省工商企业3A级守合同重信用单位"、"金华市农业龙头企业"、"义乌市十佳农业龙头企业"、"金华市诚信企业"等荣誉称号。

3. 兰溪芥子园酒业有限公司

芥子园是清代著名戏剧家、小说家，有"东方莎士比亚"之称的李渔移居金陵时营建的寓所，因地止三亩，状微如芥子而得名，又取“芥子虽小，能纳须弥”之意，浙江兰溪是李渔的故里。兰溪芥子园酒业有限公司是一家民营的股份责任制企业，注册资本409万元，目前主要产品有啤酒、黄酒、白酒三大系列20多个品种，年综合饮料酒生产能力5万吨以上。公司始建于1956年，前身是浙江省兰溪市酿造总公司，是一个具有悠久历史的老厂，经过几代人几十年的艰苦创业，企业取得了长足的进步。1992年6月注册“芥子园”商标，2000年通过转制后，成为股份制的责任有限公司。企业加强了新产品开发力度，产品结构发生了巨大变化。伴随着“芥子园”干啤、陈年特酿、红曲酒、新一代营养酒、丹溪春营养酒、今豪烹调酒等新产品的开发成功，企业经济效益有了根本好转。现已发展成为一个占地7.5万平方米，拥有资产3059万元，职工300余人的浙江省中部规模最大的综合性酿酒企业。公司被浙江省计划经济委员会、浙江省经济体制改革委员会、浙江省统计局、浙江省企业评价中心授予“浙江省地区最佳经济效益工业企业”称号，成为兰溪市财政支柱企业和纳税大户，是中国黄酒协会常务理事单位。

芥子园黄酒于1994年、1998年获得“全国黄酒行业优质产品奖”。芥子园特酿于1998年荣获“全国黄酒行业名牌产品”称号。2002年，兰溪芥子园酒业有限公司被授予“金华市百家质量信得过企业”的荣誉称号。2002年，公司抓住黄酒车间搬迁的有利契机，进行了技术改造，采用目前黄酒生产的最新工艺——液化法，实现了用现代技术改造传统工艺的梦想。液化法是迄今为止中国黄酒界唯一的一个发明专利，采用该技术酿制而成的黄酒具有口味醇厚、曲味不浓、酒度更低的显著特点。液化法黄酒生产工艺于2004年4月申请发明专利，已通过实质性审查，进入公告阶段。该项目还获得“兰溪市2002年度产学研联合开发工程奖”。公司于2005年2月通过ISO9001：2000质量管理体系认证，2007年1月取得黄酒生产许可证，获准使用“QS”认证标志。目前该公司生产的“枸杞红营养酒”是较受消费者欢迎的黄酒品牌。

4. 金华市鸳鸯林酒业有限公司

该公司创建于1996年4月，位于寿生酒发源地——金华市金东区曹宅镇。公司占地面积4446平方米，建筑面积3600平方米，年生产能力黄酒5000余吨，现有资产净值400万元。主要生产有“鸳鸯林牌”系列产品：红曲酒、金华府酒、金华家酒、浙江料酒、纯糯米糟烧和中国名酒——寿生酒等当家产品。在金华地区销量较多，部分产品远销北京、西安、福州、广州、海南和长三角等地区。鸳鸯林酒业有限公司现已成为金华市黄酒生产龙头企业，先后被各级管理部门评为“金华县明星企业”、“金华县工业先进单位”；连续五年被评为“金华县食品卫生先进单位”、“金华县工业先进单位”；连续七年被评为“金华市质量信得过单位”、“金华市食品卫生先进单位”、“金华市旅游定点企业”。其生产的产品也获得过“金华市优质农产品金奖”、“中国优质轻工产品”、“中国质量满意品牌”、“2001年中国杭州国际食品博览会银奖”等荣誉。

5. 东阳市东龙实业有限公司

该公司是一家有着五十多年历史的酿酒企业，厂址位于东阳市吴宁中路58号。自改制以来，公司十分注重生产工艺的改良，先后建起了两条黄酒机械化生产流水线，既大大增强了企业生产能力，也极大地降低了职工的工作强度。目前，该公司年产黄酒能力达一万吨。优质原料是酿造好酒的基础，为此，公司十分重视原料进口关，确保购进符合国家一级食用标准的大米和优质红曲，所用水源经过反复过滤。每个车间每道工序都有质检员，公司还专门配备了三名专职技术员进行严格的检验。公司多次被评为金华市超百万纳税大户，三十多名职工人均纳税三万多元。该公司生产的“东阳江”牌黄酒和“东阳醇”不仅深受东阳市市民喜爱，而且还销往山东、重庆、武汉、乌鲁木齐等地。“东阳江”牌系列酒先后获得“市知名商标”、“市地方名牌”、“浙江省绿色农副产品”等荣誉称号，该公司也获得“浙江省老字号企业”称号。

6. 浙江金华穗冠酒业有限公司

金华穗冠酒业有限公司创立于1989年，地处金华酒的重要传承地域——曹宅镇，厂区总占地面积40000余平方米，建筑面积12000

平方米。前身是穗冠酿造厂，是金华少数通过全国工业产品许可证考核的酿酒企业之一。该公司一直以产品质量为根本，在传统金华酒酿造工艺的基础上力求创新，以树立“金华酒”的品牌形象为目标，积极开拓省内外市场，让“金华酒”的品牌知名度能像更多的地方品牌那样“墙内开花墙外香”。正是出于这样的思路，为了做大企业，让企业上档次上规模，该公司通过数年运作和积累，于2004年购买了原金华国营寿生酒厂的厂房和设备，新老厂区占地面积四万多平方米，成为金华最大的酿酒生产企业，使得穗冠企业的发展跃上一个新的台阶，为穗冠酒业的持续发展奠定了扎实的基础。同时穗冠酒业在整体规划之后，确立了“穗冠”、“一鼎方”、“御工房”三大金华酒的主导品牌，产品主要分为发酵酒、蒸馏酒两大系列，产品类型涉及特酿陈酿（金华传统寿生酒）、汉香（白字酒）、糯米酒、红曲酒、荞麦烧、高粱烧、玉米烧、糟烧、谷烧等二十多个产品。公司秉承传统酿酒工艺和现代技术相融合的宗旨，继承和弘扬金华酒文化，不断优化产品结构，提升产品档次，同时企业积极开拓市场，不断扩建销售网络，产品销量日趋提高，产品覆盖全国各大中城市。

7. 金华浙福酒业有限公司（曹宅法尚寺寿生酒厂）

金华曹宅法尚寺寿生酒厂是目前金华市规模较大的专业生产黄酒的企业，位于曹宅镇法尚寺国营金华寿生酒厂新厂区。酒厂占地面积60余亩，年生产能力近万余吨，拥有一大批经验丰富的酿酒师傅及专业技术人员，以及最先进的黄酒生产线和一整套现代化检测设备。企业继承和发扬了千百年来传统的酿造和贮藏工艺，生产的产品曾多次荣获国内外博览会金奖，远销北京、深圳、昆明、合肥、南京等省内外大中城市。

8. 金华市婺城区真珠红酿酒厂

该厂位于金华市婺城区琅琊镇，厂名取自唐代诗人李贺《将进酒》诗句："琉璃钟，琥珀浓，小槽酒滴真珠红。"是一家专业生产红曲型黄酒、白酒的厂家，主要产品有真珠红红曲酒、白字酒（甜型）、白酒等。

9. 金华市清泉酒厂（金华市琅峰山酒厂）

该厂位于婺城区琅峰山脚，始建于1985年。该厂致力于恢复传统金华酒酿造技艺，其生产的"俺郎冬窖"牌金华酒在2010年4月召开的首届中国红曲黄酒高峰论坛暨首届中国红曲酒养生保健研讨会上，因良好的口感、出色的品质赢得了大多数专家、学者的好评。其制作采取传统工艺流程，以立冬后酿制为特征，除用优质糯米加红曲冬水秘制、无添加剂不勾兑外，米酒原浆还得在冬窖里经漫长的储藏后酿造。在窖藏中不断发酵的活性酶，使得红曲米酒越藏越香。今已成为酿造红曲酒，黄酒、白酒等酒的专业企业，具有半自动化生产规模，有自动榨酒机、自动液体包装机、黄酒专用过滤机等成套设备，系金华市酿酒协会会员单位。2002年，其产品荣获"浙江省质量信得过产品”称号。

由于金华酒还没有一个全面的行业标准，哪些企业可以称得上是金华酒传统酿造技艺的传承单位，目前还没有明确的定论。不过值得提倡的是，只有根据国家级非遗传统技艺酿造，达到相关标准的企业才可允许使用“国家级非遗技艺”标志，这样才能改变金华酒以干型低档黄酒为主的局面，让金华酒上档次。

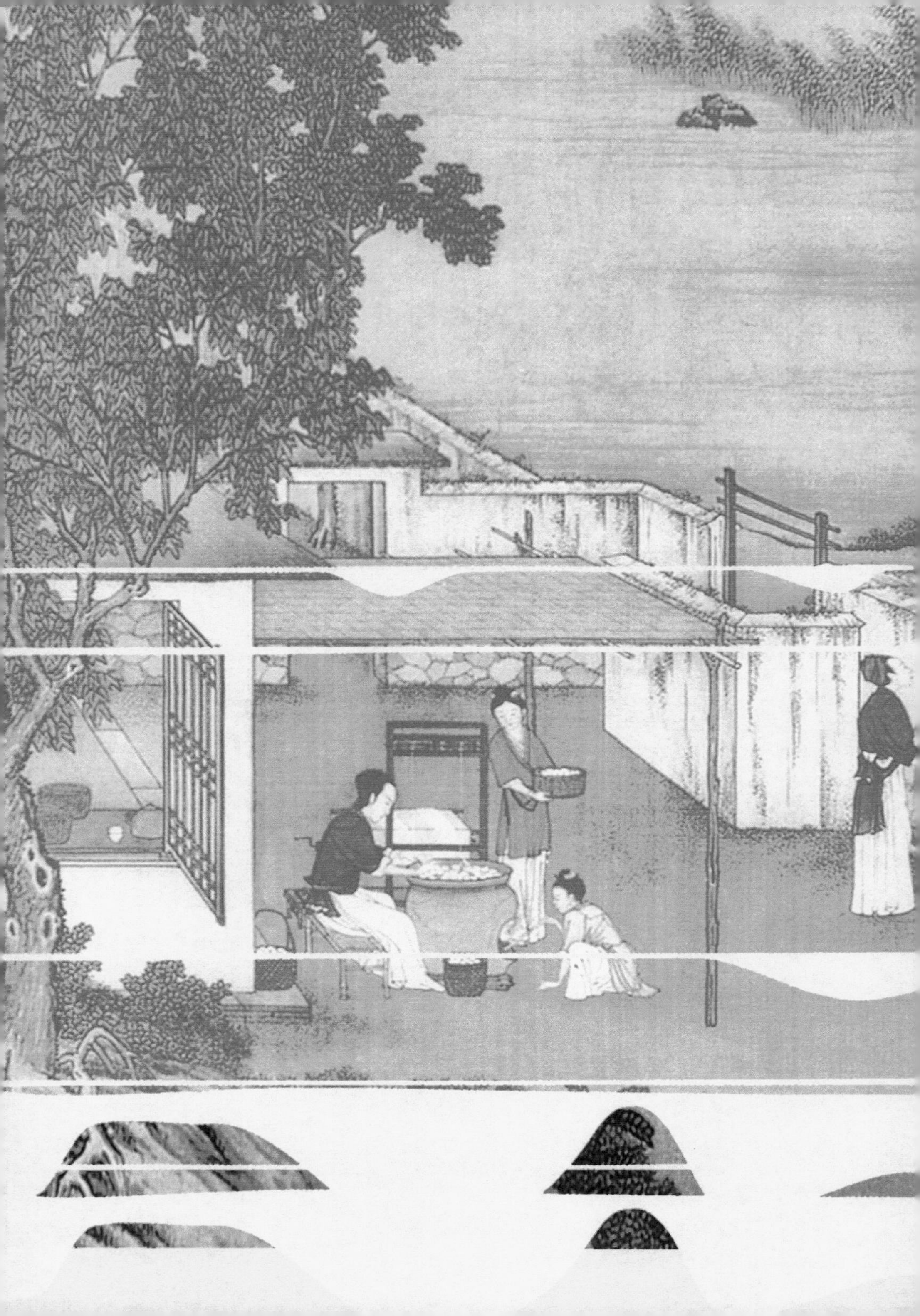

金华酒与传统文化生活

金华酒的酿造既反映了人们在实践中的创造力和探索精神，又从多方面影响到人们的生活方式，进而形成一系列极富生活气息的文化现象。

踏曲木闸

金华酒与传统文化生活

酒，作为一种物质存在的形式，是人们的日常消费品，与人的社会日常生活息息相关，但酒又绝非仅仅单纯以物质形态存在，它总是杂糅着太多的社会因素，涂抹上丰富的意识形态色彩，从而与社会政治、文化艺术、经济发展密切联系。首先酒和国家政治联系紧密，人们的酿酒、饮酒行为，往往并非单纯的物质享受，而被附会以非物质形态的政治道德。有人把饮酒行为和国家兴衰治乱相联系，提出“饮酒亡国论”等，而国家依靠行政手段，通过对民间酿酒行为的调节控制人心。饮酒是社会交往的重要内容，国家通过规范的“酒礼”匡正人们的饮酒行为，强化社会秩序等。

酒文化的中心是酒，但又不局限于酒本身，关于酒的起源、生产、流通和消费，特别是它的社会文化功能以及它所带来的社会问题等方面所形成的一切现象，都属于酒文化的范畴。它大体可以分为以下几个方面：

一是物质文化。这包括酒体、酿造原料和器具、饮酒器具、行酒的器具等，代表酒文化的有形物质财富，不同酒代表不同时代的生产力、不同的审美需要、不同的时代文化和地域文化，对人的感觉和心理的影响也不相同。

二是消费文化。不同时期的消费时尚，不同地区的消费特点，不同群体的消费习惯，对饮酒的目的、时间、地点、人员和酒具的选择，对酒的品种、口感、价格甚至是包装的选择，以及关于酒的饮酒方式、娱乐方式的选择都不尽相同。

三是民俗文化。在我国古代，酒被视为神圣的物质，酒的使用，更是庄严之事，非祀天地、祭宗庙、奉佳宾而不用。诸如农事节庆、婚丧嫁娶、生期满月、庆功祭奠、奉迎宾客等民俗活动，酒都成为了当仁不让的主角。农事节庆时的祭拜庆典若无酒，缅怀先祖、追求丰收富裕的情感就无以寄托；婚嫁时无酒，白头偕老、忠贞不二的爱情无以明誓；丧葬时无酒，后人忠孝之心无以表述；生宴时无酒，人生礼趣无以显示；饯行洗尘若无酒，壮士一去不复返的悲壮情怀无以倾诉。总之，无酒不成礼，无酒不成俗，离开了酒，民俗活动便无所依托。

四是精神文化。这包括与酒有关的文学（诗歌、小说、散文、对联、成语）、艺术（书法、绘画、酒令）、神话传说等，还包括人们对酒的观念思想，以及对酒的信仰等。

五是制度文化。其中包括有历代中央和地方政府颁布的酒业政策法律及其社会效应，国家依靠行政手段，并通过成立酒业管理机构控制社会饮酒之风，进而影响社会风俗等，通过弛禁笼络人心，

形成专制王权下或张或弛的酒政管理措施。

金华酒在长期的历史进程中，与那个时代其流传影响到的地区民众的社会文化生活产生密切相关。金华酒的酿造既反映了人们在实践中的创造力和探索精神，又从多方面影响到人们的生活方式，进而形成一系列极富生活气息的文化现象。

[壹]金华酒与士大夫生活

琴棋书画诗酒花，是中国传统士大夫修身养性、安身立命的必备功课，他们或入世或归隐，或得意或失意都离不开酒，写诗需要酒助力，人际交往需要酒作为调和剂，缺少了酒，就少了士大夫的神韵。如在明代京师的士大夫圈中，围棋和金华酒同样为士人所爱。成书于嘉靖、万历年间的《闲适剧谈》卷一载："今日京城仕者以围棋相竞，致有围棋金华酒之谣，有谈国事者则笑而狂之。"

金华酒文化源远流长，历朝历代旨趣皆有不同，千姿百态，别开生面。崇拜玄学的南北朝时期，金华酒身上也就蒙上一层浓厚的道教神话传说，亦人亦神，真假难辨。南朝刘敬权的《异苑》卷五记载道教人物东阳徐公居在长山下遇到仙人的故事："见二人坐于山崖对饮，公索之，二人乃与一小杯，公饮之遂醉，后常不食亦不饥。"南朝梁郑缉之的《东阳记》（《艺文类聚》卷九《水部下》）也有黄大仙与徐公饮酒的记载，更为详实。传言金华北山之上有湖，相传居住一个叫徐公（佚名）的人，常常登临至此处，见湖水湛然，有二人共博于湖上，自称为赤松子安期生，有一壶酒，因酌以饮徐公，徐公醉而睡在旁边，醒了之后，见不到两人，而徐公旁边的野草都已经长得高过人顶了。由于长时期没回家，家人都以为徐公已经死了，就为他服丧三年，到三年期满的时候，徐公才回到家里。今北山上还有徐公湖呢。虽然其中语涉渺茫，难有确论，不过南朝时期金华酒文化影响人们生活确为不刊之论。

1. 唐宋时期

唐宋时期金华地区所产之酒名誉天下的主要是东阳酒、兰溪酒。当酒酿新熟，满庭酒香扑鼻时，文人雅士如果能和亲朋好友一起推杯换盏，实在是人生乐事，特别是遇到亲友远行，更要一醉方休。唐末诗人韦庄（836—910），字端己，长安杜陵人，唐初宰相韦见素的后人，诗人韦应物的四代孙，花间派词人，词风清丽，有《浣花词》流传。曾任前蜀宰相，谥号文靖。其为人疏旷不拘，任性自用。广明元年（880年），韦庄四十五岁，在长安应举，正值黄巢军攻入长安，长安遂陷于战乱，韦庄与弟妹失散。中和三年（883年）春后，韦庄避乱来到江南各地游历，就曾与故人于东阳酒家宴饮留别，叙说天涯沦落之情。其诗集《浣花集》卷五《东阳酒家赠别二绝句》：“送君同上酒家楼，酩酊翻成一笑休。正是落花饶怅望，醉乡前路莫回头。”及“天涯方叹异乡身，又向天涯别故人。明日五更孤店月，醉醒何处泪霑巾。”思念故乡之情经酒一催更显凄切。

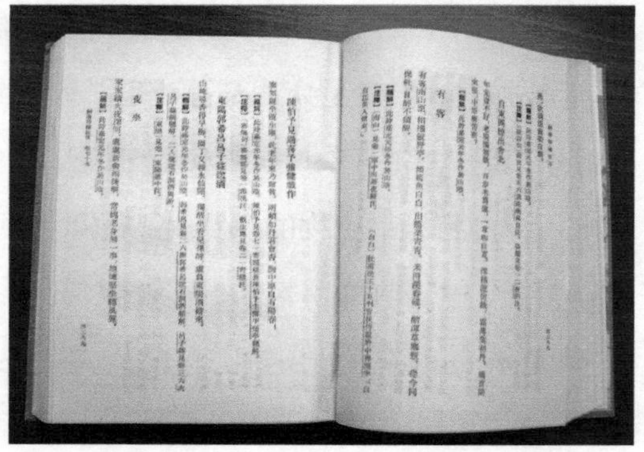

南宋陆游在《剑南诗稿》卷十九《东阳郭希吕、吕子益送酒》中曾提到东阳酒

文人士大夫能够自酿美酒，而且彼此之间常有互相馈赠或互相邀请品尝名酒佳酿的习俗。宋代大诗人陆游收到东阳故人送来的美酒，欢喜异常，还写下不少诗歌。其诗集《剑南诗稿》卷七九《东阳郭希吕、吕子益送酒》：“山崦寻香得早梅，园丁又报水仙开。独醒坐看儿孙醉，虚负东阳酒担来。”晚年的陆游宦海沉浮饱经忧患，其年事已高，诗风转为清旷淡远的田园风格，多抒发苍凉的人生感慨，咏酒就是其晚年诗歌的重要主题。如《石洞饷酒》：“忘忧自古无上策，欲饮家贫酒杯迮。今朝鹊喜报远饷，未坼赤泥先动色。鱼长三尺催脍玉，巨蟹两螯仍斫雪。勿言地僻少过从，清风明月俱

吾客。驱除二竖走三彭，零落眼花生耳热。陶然酣卧听松声，愧尔公卿足忧责。”描述了陆游闻听东阳酒的欣喜之情。又《谢郭希吕送石洞酒》：“从事今朝真到齐，春和盎盎却秋凄。色同夷甫玉麈尾，价敌茂陵金袅蹄。瑞露颇疑名太过，橐泉犹恨韵差低。山园雪后梅花动，一榼常须手自携。”陆游在诗中引刘义庆《世语新说·容止》所说“王夷甫容貌整丽，恒捉白玉柄麈尾，与手都无分别”，来夸奖东阳酒色美，用马蹄金形容东阳酒的贵重。此诗刊于《石洞贻芳集》（康熙十六年刻本，林望、郭钟儒订辑），在此诗尾后，有自注：桂林“瑞露”得名甚盛，岐山“橐泉”价冠秦蜀，然失之太劲，皆不可望石洞者也（古石洞书院在今东阳郭宅）。

宋代文人士大夫生活中时加咏叹的金华名酒就是兰溪酒，特别是南宋以来，金华地区社会经济发展迈上新台阶。兰溪人善酿美酒，宋时名声颇为响亮。韩元吉，字无咎，号南涧，开封人，宋室南渡以后，寓居信州上饶。隆兴年间，官至吏部尚书。乾道九年(1173年)为礼部尚书出使金国。淳熙初，曾前后二次出守婺州，与金华文人陈亮、吕祖谦交往甚密，韩元吉两个女儿先后嫁给吕祖谦，及至淳熙八年（1181年）吕祖谦去世，韩元吉老泪纵横，作挽诗云：“青云途路本青毡，圣愿相期四十年。台阁知嗟君卧疾，山林空叹我华巅。伤心二女同新穴，拭目诸生续旧编。斗酒无因相沃酹，朔风东望涕潸然。”正因韩元吉与婺州士人过往密切，对本地特产比较熟悉。其知婺

州期间曾有札子上奏朝廷论其政务，《南涧甲乙稿》卷一〇《自辩札子》提到："今年欲凑足纲运以趁省限，故令违限不纳，及所纳不中者折纳原价，数实不多。而坊场钱仅四千缗，及漕司员扑兰溪酒坊所欠。"兰溪酒业繁华，朝廷通过漕司（即转运使，管理催征税赋、出纳钱粮、办理上供以及漕运等事的官署或官员）催收酒课，婺州知州则有负有协助之责。

巨额的酒课说明的正是南宋时期兰溪酒的繁盛，说明它深受消费者青睐。陆游一生嗜酒，对于品评美酒有极高的水平。庆元四年（1198年），他得到了兰溪所产的"谷溪春花"酒十坛，品尝之下，兴奋不已，感觉这是自己从未尝到过的好酒，他挥笔写了题名为《龟堂独酌》的诗："旷怀与世原难舍，幽句何人可遣听。一酌'兰溪'遗万事，时看墙底卧长瓶。"一首吟罢，他意犹未尽，又写道："一酌'兰溪'自献酬，徂年不肯为人留。巴山频入初寒梦，江月偏供独夜愁。越石壮心鸡喔喔，子卿归信雁悠悠。天生我辈初何用，病骨支离又过秋。"这里"兰溪"可能是谷溪春酒的代名词。根据史料记载，陆游品尝的兰溪谷溪春酒可能他的诗友兰溪人杜斿兄弟送给他的。杜斿，字叔高，曾问于朱子，与陆游、辛弃疾、陈亮诸人游，诗作《严先生钓台》受人诵赞，生平不得志，端平初年以布衣召入馆阁校雠。陆游也有多首诗作如《小轩夏夜凉甚偶得长句呈杜叔高秀才》等是送给杜氏兄弟的。

由于南宋时期士大夫喜好兰溪酒，除了杜斿外，其他士大夫也多把兰溪酒作为馈赠亲朋好友的佳品。刘过（1154—1206），南宋文学家，字改之，号龙洲道人。刘过为襄阳人，后移居吉州太和（今江西泰和县），少怀志节，读书论兵，与陆游、陈亮、辛弃疾等交游，后布衣终身。辛弃疾曾寄兰溪酒送之，刘过回诗谢之。“书来赐以兰溪酒，下视潘葑奴仆之。吾老尚能三百盏，一杯水不值吾诗”（见《龙洲集》卷八），刘过虽老仍如此豪饮，佯嗔辛弃疾所赠之酒不能满足他。南宋诗人杨万里（1127—1206）字廷秀，号诚斋。江西吉州人，绍兴二十四年（1154年）进士。历任国子博士、太常博士、太常丞兼吏部右侍郎，提举广东常平茶盐公事等。在中国文学史上，与陆游、范成大、尤袤并称“南宋四家”、“中兴四大诗人”。杨万里也好饮兰溪酒，有诗《舟过青羊望横山塔》：“孤塔分明是故人，一回一见一情亲。朝来走上山头望，报道兰溪酒恰新。”横山塔在衢州龙游县北横山乡横山村，杨万里经龙游听闻兰溪酒酿新熟，兴趣异常，赋诗表达期待之情。南宋时期兰溪酒声誉不限于婺州，还远销外地，受到远方士大夫欢迎。如安徽休宁人汪莘隐居黄山，研究《周易》，旁及释、老，可谓遁世隐士，自号方壶居士。“竹翁恶俗客，屡举却尘扇。云何一见我，捉手形深睠。坐呼兰溪酒，即取大白劝。堦前抱关卒，为我颜色变。解榻经两眠，天寒恐冰霰。主意厚且真，惜别如挽牵”（《两宋名贤小集》卷一百九三）。汪莘虽为隐居之士，可是喝起兰溪酒来一点也不含糊，取“大白”来喝。大白就是大酒杯，汉刘向《说苑·善说》：“魏文侯与大夫饮酒，使公乘不仁为觞政，曰：‘饮不釂者，浮以大白。’”兰溪酒虽为低度黄酒，然如此畅饮，难怪也要“颜色变”，“经两眠”才能醒酒。

2、元代

蒙元时期金华酒同样流行全国，尤其以东阳酒最受欢迎，元代散曲大家马致远《前调·归隐》也曾盛赞东阳酒：“菊花开，正归来，……有洞庭柑，东阳酒，西湖蟹。”诗中将洞庭柑、东阳酒、西湖蟹称作江南三大食品之极。元人黄镇成（1287—1362）字元镇，号秋声子，福建邵武人，山水田园诗人。初屡荐不就，遍游楚汉齐鲁燕赵等地，后授江南儒学提举，未上任而卒。路过东阳曾有诗赋颂东阳酒：“北苑九重传贡茗，东阳千日醉仙醪。”（见《秋声集》卷二《宿富沙水西》）北苑茶、东阳酒皆婺州路治所金华特产，享有极高盛誉。元代文学家胡助（1278—1355），字履信，一字古愚，自号纯白老人，婺州东阳人。始举茂才，为建康路儒学学录，历美化书院山长、温州路儒学教授，两度为翰林国史院编修。友人吴当字伯尚，江西崇仁人，元代理学大家吴澄之孙，官至浙东肃政廉访使。吴当送胡助归乡曾有诗歌相赠，其中有“东阳酒美花如锦”之句（见《纯白斋类稿》附录卷一《吴当·次韵奉答古愚先生留别之作》），可谓享有极高声誉。元人之间互相馈赠东阳酒多见于文献记载。杭州钱塘人李昱，生活在元末明初之时，一日其好友徐孟玑送来东阳酒，李昱赋诗道："故人远送东阳酒，野客新开北海尊。不用寻梅溪上路，春风吹气满乾坤。"诗中难掩喜悦之情。不仅是文人之间，官员之间也互相馈赠。朱德润是元代著名画家、诗人，河南商丘人，长期寓居江南，曾任国史院编修、镇东行中书省儒学提举、江浙行中书省照磨等职。其《存复斋文集》卷一〇有《谢王止善经历、徐复初知事送东阳酒》诗："闭门读书白昼长，落花飞絮何茫茫。闾巷传呼送酒至，漕府使君书两行。醍醐满瓮泛新齐，琥珀潋滟浮春光。葡萄马乳未足贵，家人共喜开东阳。百钱杖头那有此，金龟换饮闻知章。谪仙无人我何者，愧谢二老传清香。"家居生活清静太久，忽有好友送来东阳酒，朱德润视其远胜当时也颇为流行的葡萄酒和马奶酒。"百钱杖"出自《世说新语·任诞》："阮宣子常步行，以百钱挂杖头，至酒店，便独酣畅，虽当世贵盛不肯诣也。"指的阮修常以百钱挂在杖头，步行出入于酒店，不与权贵来往，潇洒不拘、放浪形骸。"金龟换饮"出自李白的《对酒忆贺监诗序》："太子宾客贺公，于长安紫极宫一见余，呼余为'谪仙人'，因解金龟，换酒为乐。"贺知章，越州会稽人，晚年由京回乡，居会稽鉴湖，自号四明狂客，人称酒仙。其称赏李白，两人相见恨晚，遂成莫逆。贺知章即邀李白对酒共饮，但不巧，这一天贺知章没带酒钱，于是便毫不犹豫地解下佩带的金龟（当时官员的佩饰物）换酒，与李白开怀畅饮，一醉方休。朱德润用的这两个典故更显示出东阳酒在当时名士心中的地位。诗中“王止善经历”为王艮，字止善，绍兴诸暨人，历任淮东廉访司书吏，庐州录事判官、峡州总管府知事，又辟江浙行省掾史等。“徐复初知事”为徐礼龙。

不仅是收到东阳酒的人非常高兴，以东阳酒为礼物赠送出去也有“独醉乐不如与友醉乐”的高兴。永嘉人薛汉，字宗海，少即有名誉，泰定元年（1324年）荐为国子学助教。《御定佩文斋咏物诗选》卷二四二有其诗《糟豚蹄、东阳酒送理之》：“彭生失足落糟丘，醉入肌肤味更优。亦有麴生差可意，伴君倚槛看春流。”虽然我们不能知道“理之”的姓名，但是可以得知薛汉赠送糟猪蹄加之美味的东阳酒给友人，希望伴友人度过美好的一段时光。东阳酒不仅深受本地人喜欢，更能勾起在外旅人浓浓的思乡情。东阳人陈樵，字君采，隐居不仕，常着鹿皮衣，自号鹿皮子。陈樵好为古赋，作有《鹿皮子集》四卷。性至孝，幼承家孝，继师事李直方，受《易》、《诗》、《书》、《春秋》之学。其生平足迹未尝越出家乡，而声誉远达朝廷，知名人士多有投书谘访。其好友孙仲明回乡省墓，即将归太原，陈樵《鹿皮子文集》卷二中《送孙仲明尉再到东阳省墓归太原》诗：“游子思亲日九回，首丘无计转堪哀。故人相见休相问，不为东阳酒好来。”首丘亦作“ 首邱 ”。《礼记·檀弓上》：“古之人有言曰‘狐死正丘首’，仁也。”郑玄注：“正丘首，正首丘也。”孔颖达疏：“所以正首而向丘者，丘是狐窟穴根本之处，虽狼狈而死，意犹向此丘。”

后以“首丘”比喻归葬故乡，也指怀念故乡。家乡是先人埋骨之所，一酒一物足以表达思乡之切。

由于东阳酒深受消费者喜欢，加之本身产量不高，所以在元代已属高档酒品，士大夫多视为稀罕之物。安徽砀山人曹伯启，字士开，荐除冀州教授，累迁集贤侍读学士，进御史台侍御史，出浙西廉访使。泰定初以年老告退。天历初，起任淮东廉访使，性庄肃，奉身清约，但此公亦好饮东阳酒，并向朋友索要。《曹文贞公诗集》卷八《戏赠张仲豪经历转索东阳酒》：“吴会年来酒价高，此生无计乐陶陶。麴车误认明公马，归路流涎湿缊袍。”此中“麴车”之典出自杜甫的《饮中八仙歌》：“汝阳三斗始朝天，道逢麴车口流涎。恨不移封向酒泉。”汝阳王李琎敢于饮酒三斗以后才上朝觐见天子，路上看到装载酒麴的车竟然馋得流起口水来，恨不得要把自己的封地迁到水味如酒的甘肃酒泉去。曹伯启与汝阳王李琎一样，对着东阳酒同样口水直流。像曹伯启这样俸禄不菲的朝廷高官都感觉到力有不逮，那低级官吏就只能望酒兴叹了。马祖常（1279—1338），字伯庸，元代著名文学家，先世为西域雍古部贵族，聂思脱里派（基督教中国景教派）信徒。他与元代东阳人胡助是翰林院的同事，所以关系颇为友善。胡助，字古愚，自号纯白老人，历任建康路儒学学录、美化书院山长、温州路儒学教授，两度任翰林国史院编修官等职。马祖常送诗赠胡助归乡：“供奉冰衔从古贵，东阳酒价近来高。行台若见王公子，道我官曹似马曹。”（见《石田文集》卷三《送胡古愚归东阳》）“供奉”指的是翰林职官，因为比较清闲，所以称为“冰衔”。诗中“王公子”指的是江东建康道肃政廉访使王继学，“官曹似马曹”典出《晋书·王徽之传》：“徽之字子猷。性卓荦不羁……又为车骑桓冲骑兵参军，冲问：‘卿署何曹？’对曰：‘似是马曹。’”代指闲散的官职或卑微的小官。他请胡助告诉王继学，自己正因为官小俸薄，不能喝到酒价高昂的东阳酒而苦恼。

元代是蒙古人建立的统一政权，受草原民族习俗性尚饮生活方式的影响，元代社会普遍尚饮酒，内地的好酒很快就被他们接受。成书于元明之际的《霏雪录》为洪武时期镏绩所撰，镏绩，字孟熙，先世洛阳人，因他与元末诸遗民游，故杂述旧闻，亦多有渊源，其中就有蒙古人喜欢东阳酒的例子：“客省大使哈喇璋善啖，右丞潘公尝邀早饭荡北羊背皮一，烧鹅一，东阳酒一坛，饼子一箸，先割羊鹅肉捲饼食尽，却以余胾下酒，饮尽又以煎鱼一巨脔喫水饭二器，至正……间于官舍坐逝，时天气甚炽，浴敛坐龛中，三日容色如生，观者啧啧。”客省大使是设置于枢密院内，负责掌管地方或外藩到大都后的接待，如此豪饮无节，可能是工作性质的需要，由此可知，东阳酒当时成为公务接待的重要酒品。

3. 明代

有明一代金华酒更为风靡全国，据方弘静《千一录》卷一三载："嘉靖以前金华酒走四方，京都滇蜀公私宴会无不尚之。"金华酒远销云南、四川等地，成为宴饮上的高端酒，从而成为互相馈赠的高档礼品。刘储秀，关中人，正德三年（1508年）进士，官至兵部尚书。其在浙江任职期间，就有同僚遣人赠金华酒送之。《刘西陂集》卷三《初春胡爻峰宪伯遣吏送金华酒至余杭，作此谢之》云："婺酒当时独擅名，品题今又取河清。寄来远道深劳使，别去经春重感情。白首不妨长日醉，亦心久为故人倾。东风重订西湖约，满载鸱夷荡浆行。"胡爻峰，就是胡体乾，山西交城人，正德十六年（1521年）进士，授贵州道御史，巡按山东、陕西、南直，累迁浙江副使，终河南按察使。收到胡体乾送来的"独擅名"的金华酒，刘储秀为故人之情而感动，不仅打算"长日醉"，而且要重订西湖约，荡舟畅饮。鸱夷是古时用来盛酒的皮袋子。由于赠送金华酒比较普遍，较为社会人群所接受，一些贿赂公行之事借此名目而行。潘季驯，字时良，乌程人，嘉靖庚戌进士，官至总督河道、工部尚书，兼右都御史，事迹具《明史》本传。《潘司空奏疏》卷七《宗室投贿疏》载有借金华酒坛而行贿赂之实的案例："廷贵却又拨置拱椓以新正交际为由，将银一百两用罈两个，装盛糟鸽、糟蟹，盖面泥封，捏作金华酒隐情，唤令家人彭春、袁忠扛抬送赴本府知府王三锡处投下。本官开见前银，不胜惭忿，会同同知顾其志，通判张翼、陈子芳将银封库，备由通呈抚按衙门，俱批按察司究报。"很显然，朱廷贵希望贿赂知府王三锡，命家丁将一百银子伪装成金华酒坛馈赠，赤裸裸的贿赂被王三锡拒绝，如果是简单的金华酒馈赠，应该是心安理得地接受。不仅官员之间互相馈赠，普通士大夫家庭若是希望打开人际关系，也会赠送高档的金华酒。《石点头》又名《醒世第二奇书》，为明代拟话本集。该书多写因果报应，惩劝士人，但因语涉狎妓、男同性恋等被清代列为禁书，该书就详细记载有送金华酒的故事。该书卷十二载："且说董秀才一日方要出门到学中会文，只见一人捧着拜匣走入，取出两个柬帖递上，董昌看时，却是一个拜帖一个礼帖，中写着'通家眷弟方春顿首拜'，礼帖开具四羹四果，绉纱二端，白金五两，金扇四柄，玉章二方，松萝茶两瓶，金华酒四坛，董昌不认得这个名字，只道是送错了地方。"绉纱是种黑色绉纹丝织品，可用来制作僧袍、黑纱、丧带或蒙面纱等，是产自安徽亳州的贡品。白金、金扇、玉章更是昂贵之物，松萝茶为历史名茶，属绿茶类，创于明初，产于安徽休宁城北的松萝山。色泽绿润，香气高爽，滋味浓厚，带有橄榄香味，汤色绿明，叶底绿嫩。金华酒可以和上述高档礼品一起赠送，可见其价值之高。

有人送酒，当然就是因为有人喜欢喝。前面谈到明代宗室假借金华酒名义行贿赂之实被官员举报的事件，其实反映出的是明代宗室生活豪奢，饮宴成风，金华酒自然是明代宗室王侯佐兴的重要消费品。封藩于山东济南的德王餐饮奢华，据《弇州史料》后集卷三六记载，德王身材高大丰美，喜欢吃肉鲊（用盐及酒曲和上米、面来腌制的肉类），饮金华酒，虽盛冬必令家人冷进之，王府官员五十多人，人人饮一酒一金爵，噉一鲊，顷刻必遍而后群饮。不仅是德王，封藩于江西南昌的第二代周王朱有炖（1379—1439）是明代杂剧作家，号诚斋，明太祖朱元璋第五子朱橚的长子，世称周宪王，他同样醉心于东阳酒。《诚斋录》之《诚斋新录》："多时不饮东阳酒，一盏才干便醉醺。怪底老夫今日乐，好花好鸟亦忻忻。"酒不醉人人自醉，心情欢畅之时饮尽东阳酒，自然酒力发挥快而进入逍遥的境界。

宗室因为其高贵的身份可以喝到金华酒，普通人喝到金华酒难度颇大，尤其是离金华比较远的地方。《光绪湘潭县志》卷八载嘉靖时湘潭人王相也是好酒之人，平时喜欢音律之余，还喜欢豪饮，父子两人经常于船上钓鱼，得鱼后召集乡人举行投壶习射游戏，射负者出酒、煮鱼以为乐。当时金华酒名闻天下，只是湖湘地区难以购到，王相于是说："使吾得官金华，醉死不恨。"后以贡生出任金华府儒学教授，到官以后取酒尽一瓮，遂卒。可以说，因为金华酒价格的高昂和产量的稀缺，不少士大夫只能是望酒兴叹。张凤翼（1527—1613）字伯起，号灵虚，南直隶苏州府长洲人，为人狂诞，擅作曲。同其他明代文学家一样，张凤翼也是好酒之人，可惜东阳酒往往不易得，只能依靠作诗来回味。《处实堂集》续集卷七《庚辛稿》载有一诗，题为《求东阳酒不得追忆曩岁少宰赵公汝迈之惠》:“由来美酒属兰陵，若比兰溪浪著声。此夜一尊何处觅，今时三白漫劳倾。糟醨自可供餔歠，贤圣无烦辨浊清。却忆昔年豪饮日，百壶分给来名卿。”诗中提到的“赵公汝迈”于豪饮之日，百壶分给名公巨卿中的赵公，就是赵志皋(1521—1601)。赵志皋，字汝迈，号瀔阳，兰溪人，从钱洪德、王守仁学，隆庆二年(1568年)进士，万历时期两度出任内阁首辅，秉政十年，不植党，不怙权，稳重得大体，临下宽和，臣僚获得罪者，多尽力解救。赵志皋作为本地人得到正宗金华酒机会比较大，又以其豪爽的个性乐于同好友分享畅饮的快乐。张凤翼作为落魄文人经常需要其他人接济才有喝到东阳酒的机会，同书还有诗《追忆蒋子微少参惠东阳酒，因戏咎文子悱明府、徐抑之司理》:“漫遣文翁令浦江，虚教徐邈李东阳。瓦盆孔忆金人露，瀔水难分玉女浆。岂为季鹰忧作病，不容司马润枯肠。一从蒋琬投醪后，寂寞于今愧羽觞。”同样表达感谢友人馈赠之谊。

酒之所以成为文人生活中的必需品，在于酒能够契合人的各种心境，人们可以借酒浇愁，也可以酒助兴。平显，字仲微，钱塘人，生卒年均不详，约元末前后在世。明洪武初，官广西藤县令，谪戍云南，为诗豪放自喜。所著《松雨轩诗集》卷八《次韵奉答素轩大人》:“书画船轻稳到家，金陵春色正杨花。玉壶载得东阳酒，不向吴姬店里赊。”前往金陵的水路需要乘船，一路上有东阳酒做伴，船只稳稳到家，心情愉悦。徽州人黄迁有诗《送金如山往婺州》（载《新安文献志》卷五九）：“桃花雨晴春水生，东风去船如箭行。鲤鱼活煮兰溪酒，篷底醉眠江月明。”希望朋友在寂寞旅途中，烹煮鲤鱼配以兰溪酒，略解思乡之愁。以鱼佐酒似乎还是当时人喝金华酒的习惯，不仅是外地人，金华当地人也这么喝。唐龙(1477—1546)，字虞佐，号渔石，兰溪县人，正德三年（1508年）进士，授郯城知县。后历任陕西提学副使、山西按察使、太仆寺卿，左副都御史，南京刑部尚书、吏部尚书等职。所著《渔石集》卷四《送罗司训二首》：“明庭登仕籍，散地曳儒裾。不饮东阳酒，惟烹石壁鱼。”唯有食鱼而无东阳酒，唐龙深为同僚可惜。如果亲朋好友出行，人们都会赠送一些金华酒作为路上解忧之物，这已成为当时社会上的时尚，以至于有些人觉得俗不可耐。赵时春，字景仁，号浚谷，嘉靖五年（1526年）状元，选庶吉士。历兵部主事，因言事切直，黜为民。久之授翰林编修，又以言事被黜。京师被寇，起官，擢御史，巡抚山西，拟奋立功业。旋遇寇于广武，一战而败。时将帅率多避寇，功虽未成，天下均壮其气。被论，解官归。时春读书善强记，文章豪肆，与唐慎之、王慎中齐名。赵时春所著《浚谷集》之卷六《次成太仆冬日行韵》：“高岗振衣望天门，天公赐我紫霞尊。……策勋莫度玉门关，陶情岂俟金华酒。”赵时春所言“陶情岂俟金华酒”表达的正是当时陶情需要金华酒的社会风尚。

明人杨慎诗文并茂，尤以诗词著称，嘉靖时期“大议礼”之中，因“左顺门事件”流放云南，其词集《升庵长短句》就是他被贬云南后所作，该续集卷二《鹧鸪天·与叶桐岗东城醉归口占》：“窄窄红蕖艳袜罗，盈盈一笑满梨涡，小槽春滴金华酒，纤月凤林玉树歌。香掩冉，影婆娑，戴花归路似东坡，相逢不尽疎狂兴，其奈星星白发何？”对于杨慎这样仕途坎坷，生活失意而且多愁善感的人来说，酒是可以浇平胸中郁结，化解心上之秋意的最佳解药，金华酒就是他的“忘忧物”，正因为有金华酒相伴，他的流放生涯中才有如此艳丽之词。金华酒不仅给人排忧，还可以给人欢乐。张适，字子宣，（一作子宜）苏州人。生卒年均不详，约元末明初前后在世。七岁习诗经，过目成诵。年十三赴乡试，时称奇童。洪武初，宋濂荐修元史，授水部郎中。未几，辞归。所著《张子宜诗文集》诗集卷一《乐圃集》载有《赠叶卿东游》：“吾闻金华之水东连五百滩，分流湍濑清潺湲，金华之峰嶒嵂而巉岩，奇松古桧翠可攀，佳佳士，济济特出乎其间，王许名节超人寰，瀛洲仙翁赋太极，琅玕披腹呈天阙。叶生卜居山水湾，得与佳友相往返，文众青珊瑚，流光照朱颜，一朝仗剑来吴下，米家数楼船，载书画。更携东阳酒百壶，为谒姑苏旧台榭，姑苏台榭今凋零，乌啼花落春冥冥。”张适赞扬朋友叶卿是金华山水孕育的佳士，来到吴下怀古，谒见姑苏旧台榭，需要携带东阳酒百壶以助兴，表达兴衰无常之慨。

4. 清代

明代中后期以后，金华酒品质逐步下降，这在清代诗歌中也有表现。号称“国初三大家”的曹溶（1613—1685），字秋岳，秀水（今浙江嘉兴）人。明崇祯十年（1637年）进士，官御史。顺治初归清，授原官，迁广东布政使，降补山西阳和道。康熙己未荐举博学鸿词，又荐修《明史》，皆未就。其诗集《静惕堂诗集》卷八《客有诮金华浆酸者戏为解嘲》：“兰酿走都下，群肆皆退听。浮听琥珀色，柔甘得真性。侧闻承平秋，美与诗奕并。山寇近狓猖，竭蹶事供养。土俗本细微，名炽乃为病。檄取或数十，瓶缶在所罄。秫田多歉收，村酤亦云剩。搅齿近吴醯，量水乖律令。张筵多酣呼，小物系民命。陶公止自怡，于道两无竞。矧当兵动天，节饮庶相称。”清代酒诗中有关止酒和节饮的篇章显得很有特色，清以前的诗人止酒、节饮或因为酒病缠身，无奈而止之，或认为初醺未醉，乃最佳境界。清人已经侧重从养生保体、节约民力、训育酒德的角度阐发节饮的好处。曹溶诗中首先赞美金华酒行销都下非常盛行，深受消费者欢迎，然后指出金华酒品质下降、以次充好是竭力供奉的结果，当物力艰难之时需要节饮。

尽管出现品质下降的情况，但金华酒在士大夫中仍有影响，依旧是他们互相馈赠的佳品。清代著名学者高士奇（1645—1740），字澹人，号江村，官至詹事府詹事、礼部侍郎，谥文恪。他曾经就收到朋友寄来的金华酒。《归田集》卷十三有诗句“兰陵寄未饮，屠苏酒一卮”，原注曰：岁前有故人寄金华酒者，是日戒饮。可见高士奇为官时比较喜欢喝金华酒，他致仕之后有故人寄来金华酒给他解馋。清代词人徐釚，字电发，号虹亭，江苏吴江人，康熙十八年（1679年）召试博学鸿词，授翰林院检讨，入史馆纂修《明史》。因忤权贵归里。《南州草堂集》卷一六《舟过严陵有怀方渭仁兼寄毛允大》：“忆别方干又几秋，合江亭下水如油。何时携却金华酒，同醉天边风露楼。”他经过富阳严陵时给友朋两人写诗，向友人表达了希望日后能够在风露楼里痛饮金华酒的期待。富阳离金华比较近，喝到金华酒的机会比较大的。那时，虽然金华酒的品质下降，但不少人经过金华时还是希望能到喝到名声很大的金华酒。清人张鉴(1768—1850)字春治，浙江吴兴人，嘉庆甲子为副榜贡生，授金华府武义县学教谕，博览群书，自地理、乐律、音韵、金石、史学、经济、水利无不通晓，工于诗文，尤其精于考据之学。《冬清馆甲集》卷三《兰溪打浆曲》：“朝发桐溪棱，何以致扣扣。欢持玉东西，满食金华酒。”他畅饮金华酒大概是在武义县学任上。

清代文人，特别是江南地区的文人对于金华酒认同感还是比较高的，亲朋好友聚会也经常喝金华酒。清人黄钺（1750—1841）字左君，号一斋，安徽当涂人，乾隆五十五年进士，官至军机大臣、户部尚书，谥勤敏。《一斋集》卷二八《冯明府以王临黄子久富春山图寄赠题以奉怀》："醉倒金华酒几壶，廿年不见空踯躅。正如故人隔江湖，武昌执手缠须臾。"原文解释说："乾隆甲辰冬曾与君遇于武昌，前年君来京师，又复往还相左，四十年不见矣。"他和冯姓知府是多年不见却保持着书信往来的老友，以书画相赠，让他回忆起早年一起痛饮金华酒的场面，正是恍然如昨日一般。古人饮酒，对环境是十分讲究的，比如"春饮宜庭，夏饮宜郊，秋饮宜舟，冬饮宜室，夜饮宜月"，把不同季节在何种场所对饮的意境更妙都参透了。有时游历山水名胜，面对美景也能激发人喝酒的兴趣，特别是一些性情中人。清人汤贻汾（1778—1853）字若仪，江苏武进人，擅长诗文书画，以祖父难荫，袭云骑尉，为三江守备，历官粤东、山右、浙江，儒雅廉俊，盗贼帖弭，后死于太平天国之乱。所著《琴隐园诗集》卷一六《初冬同人过集寓斋即席分韵》："黄花已过霜叶脱，赤松峰前游迹绝。……一醉宁负双溪月，青山遥望日夕佳。白酒难辞错认劣（金华酒最有名的为错认水，见《谈荟》），知难不出门方扃。"他游玩过金华的赤松峰、双溪月，喝起金华酒也是应景之事。

古文杰作《醉翁亭记》有人尽皆知的名句："醉翁之意不在酒，在乎山水之间也。山水之乐，得之心而寓之酒也。"欧阳修一语揭示了中国酒文化与中国山水旅游文化的融合。将饮酒之乐与游赏山水之乐合而为一，金华酒也和文人雅士的游赏文化相结合，焕发出无限的生机。张埙，字牖如，江苏长洲人。以官学教习议叙知县。康熙十七年（1678年），授登封县，二十二年（1683年），以卓异荐，擢广西南宁通判，未几卒。其诗文集《竹叶庵文集》卷一一《腊月廿七月匏尊伯恭同游法源寺归、匏尊出浙中金华酒同饮》一诗展现了在寺院饮宴的情景："残年无事寻僧寺，反觉僧忙我更闲。割肉不妨怀橘共，白头醉有到红颜。"古代的佛寺兼具古代旅店的功能，佛教寺院大量增加，本着"与人方便、与己方便"的宗旨，寺院内的客舍，成为行旅的一个不错选择，人们投宿寺院已成为当时普遍的社会现象，红尘中人自然不须遵守戒律，喝酒食肉已是十分平常之事。该诗诗名中的匏尊是指匏制的酒樽，亦泛指饮具。

饮酒无花，兴味索然，赏花无酒，也非韵事。文人雅士设宴时，总要选择花前月下，陈列群花环绕以备把酒鉴赏。花之香、酒之美，诗为友，一起转化为美味，酒量也为之大增。朱彝尊（1629—1709），清代诗人、词人、学者，浙江秀水人。康熙十八年（1679年）举科博学鸿词，以布衣授翰林院检讨，入直南书房，曾参加纂修《明史》，其学识渊博，通经史，能诗词古文。词推崇姜夔，为浙西诗派的创始者。其诗文集《曝书亭集》卷二二《九日篱菊未放桂有余花，里中诸子过，出金华酒小饮，分韵得小字》："丛桂落余花，双瓶出清醥。我客不速来，勿论户大小。冷笑登高人，牵拂风林杪。"诗中"九日"自然是农历重阳佳节到来之时，在这天，人们纷纷采菊登高，以登高来健身，以观菊来悦目，其间以酒相佐，来发挥登高游玩赏心悦目的雅兴。然而诗人未见菊花盛开，只有尚未凋谢完毕的桂花可供采摘。诗中的“清醥”指的是清酒。晋左思《蜀都赋》：“觞以清醥，鲜以紫鳞。”唐代杜甫有《聂耒阳书致酒肉》诗：“礼过宰肥羊，愁当置清醥。”仇兆鳌注：“酒清曰醥。”重阳节那天有清香的桂花可供赏玩，醉人的金华酒可供畅饮，朱彝尊希望客人勿论门户大小，速来同乐。

江南文化是亲水的文化，是与舟船密不可分的。水乡、运河孕育了一代代勤劳智慧的水乡人，小桥、流水、人家，百舸穿梭、帆影点点，构织起一幅幅江南水乡的美丽图画。历史上的江南先辈后民“以船为车、以楫为马”，择水而居、舟楫渡生。文人雅士之间的不少宴饮活动还安排在船中，伴随着舟舫行驶在河湖中，更增游兴。沈大成（1700—1771）字举子，号沃田，江苏华亭人。博闻强识，以诗古文名。父裔堂卒官，家遂中落。自是屡就幕府征，由粤而闽而浙而皖，前后四十余年。然性勤敏，虽舟车往来，必以四部书自随。晚游维扬，客运使卢见曾所，与当时名士惠栋、戴震、王鸣盛等相交，益以学业相砥砺。大成壮年时，耽心经籍，通经史百家之书，及天文、乐律、九章诸术。校定书籍颇富，有《十三经注疏》、《史记》、《前后汉书》、《南北史》、《五代史》、《杜氏通典》、《文献通孜》、《昭明文选》等；自著有《学福斋集》五十八卷，《清史列传》传于世。诗集《学福斋集》之诗集卷二〇《竹西诗钞》中有一首诗，名为《遗清堂纳凉有怀鹤亭奉宸同砚农、筠榭、云溪赋》，诗云：“薄暮微风起，起看浮云翔。因念浙江客，计日戒舟航。婺酒载金醴，泷鱼搴玉肪。归舠拂松寥，饮兴因更长。”金华酒和鲜美的河鱼使得诗人饮酒之兴更浓。“奉宸”是清代内务府所属管理园囿、河道的机构，诗中的“鹤亭”大概是该机构的管理人员。

江南人家旅行或者出行都需要船。为解除烦闷的行旅生活，美酒佳肴自然是不可缺少，盛行于江南的自然是金华酒，而下酒菜只能是船家最容易找到的鱼了，何况江南还喜好食鱼。舒位(1765—1816) 清代诗人及戏曲家。字立人，号铁云，小字犀禅。直隶大兴（今属北京市）人，生长于吴县（今江苏苏州）。乾隆举人，屡试进士不第，贫困潦倒，游食四方，以馆幕为生。博学，善书画，尤工诗、乐府，书各体皆工。舒位，与王昙、孙原湘齐名，有“三君”之称。其诗集《瓶水斋诗集》卷七《江山船櫂歌》：“石笱游鱼不寄书，金华春酒就船沽。妾心醉似金华酒，郎意空为石笱鱼。”诗人在船中欣赏美景的同时，还可以喝到金华酒、石笱鱼，可谓惬意不可言传。不仅是吴县人舒位，嘉兴秀水人曹溶同样也喜好在船上行旅中畅饮金华酒。《静惕堂诗集》卷二五《宝虞惠金华酒》：“客里重怜客，驰笺送腊醅。不殊偕隐意，宜向晚凉开。土木藏形诀，歌呼避世才。兰江深百尺，相逐夜船来。”舒位坐在荡漾在兰溪江中的画船上，开怀畅饮绝世美酒——金华酒，不禁起隐居遁世之念。

[贰]金华酒与民俗文化

民俗，或称风俗，是指人们在社会生活中长期形成的一种稳定的习以为常的行为倾向，是调节人们在某些特定生活范围内（譬如祭祀、节庆、丧葬嫁娶等）的生活方式。民俗活动源远流长，又同地域文化、民族情绪、社会心理相结合，具有稳定性的特点。

如果说，上层士大夫的饮酒方式受到古代中国酒礼影响的话，那么绝大多数民众的饮酒方式则是受到酒俗文化的影响，但是两者并非是截然可分的。“无酒不成礼，无酒不成俗”，虽然酒礼和酒俗朝着不同目标进化和演变，有各自不同的内涵和外延，分属不同的行为范畴，但两者之间的精神内涵是一脉相承的。作为大众文化的酒文化，正是在千百年来千姿百态的民俗活动中得到普及和发展的。唐梓桑在《奇趣可贵的婺州酒俗》一文中指出，金华酒文化历史源远流长，就是因为它扎根于人民群众的生活土壤中，扎根于喜好饮用金华酒的人们的日常行为中，所以才具有深厚的社会基础和持久的生命力。

金华酒是我国著名的米酒之一，特别是宋明以来，被文人、儒士们嘉誉为“晋字金华酒，围棋左传文”四绝之一的桂冠。金华酒在民间酿酒、饮酒、用酒之风中相当盛行，大到祭祀天地、鬼神、祖先，婚丧嫁娶，小到一日三餐，迎来送往，金华酒成为不少人居家饮食、出门旅行的不可或缺的生活消费品。耕田之家种糯米酿酒，渔家

捕鱼来换酒，商家入市贩酒，酒家当垆卖酒，一幅幅充满市井生活的画卷，展现的是金华酒文化在中国、在浙江民间历久弥新的影响力。特别是在金华，金华人在历史中，形成了不少古雅厚朴、独特奇趣的酒俗，它是地方历史文化的积淀，内涵丰富。

1. 节日酒俗

中华民族在历史进程中形成许许多多的传统节日，例如春节、元宵、清明、端午，中秋、重阳等，节日到来之时，人们都要以特殊的活动或仪式予以祝贺，对酒当歌、载歌载舞，共同欢度美好的时刻，形成了“无酒不过节，过节必美酒”的传统节日酒俗。

古书有云：“正月朔日，谓之元旦，俗称为新年。”每当春节期间，合家老幼欢聚一堂，或宴请宾朋开怀畅饮，互相祝贺。据说春节饮酒之俗起于上古时期的“腊祭”。古代先民经过一年的辛勤劳作，为感谢大自然的恩赐，腊祭期间不劳作，用农猎的收获物来祭祀众神和祖先。清初江苏长洲人张埙在腊月二十七日与亲朋好友相聚在法源寺中，共饮金华酒，其诗文集《竹叶庵文集》卷十一《腊月廿七月匏尊伯恭同游法源寺归，匏尊出浙中金华酒同饮》：“残年无事寻僧寺，反觉僧忙我更闲。割肉不妨怀橘共，白头醉有到红颜。”当然由于史料缺失，这也很难确立长洲是否有腊月饮用金华酒的习俗。腊中酿酒却也是许多地方的民间习俗，此时所酿的酒俗称为腊酒，正好可以用来正月里自家饮用或者招待亲朋好友，这时期天气寒冷，腊酒可以长时间存贮而不会酸败。以前在金华农村中，许多家庭都能掌握简单的酿酒技术，家庭自酿的小生产规模模式在民间是普遍存在的，仅供自家消费为主，极少拿到市场销售，用来贴补家用。新酒酿成，大多自己也要痛饮一番，在小农经济为主的传统乡村社会中，人们的生活水平还比较低下，物质条件更谈不上丰裕，甚至还是相当贫穷的，温饱尚且还是奢谈，更不要说日日酒肉穿肠了。即便是偶尔饱醉一餐，在生活中并非唾手可得，何况是在古代堪称佳酿的金华酒，它价格高，制作较为复杂，普通家庭很难经常喝到。所以在值得庆贺的节日，能够喝到美酒，即便对于小康家庭而言也是难得的。

在金华，“元旦朝贺”的习俗一直从汉朝延续到民国初年。元旦朝贺时，人人饮一盅金华酒以示辞旧迎新，古时因为自酿酒比较多，所以人们常用自酿酒庆祝元旦。古代年终所喝之酒称为“屠苏酒”。“爆竹声中一岁除，春风送暖入屠苏。千门万户曈曈日，总把新桃换旧符”，宋代诗人王安石的《元日》诗生动而形象地描绘出古时过年的欢乐景象，也道出了古人过年饮屠苏酒之风俗。梁宗懔《荆楚岁时记》云：“正月一日……长幼悉正衣冠，以次拜贺。进椒柏酒，饮桃汤，进屠苏酒。”其俗至宋代犹存。陆游《除夜雪》诗中“半盏屠苏犹未举，灯前小草写桃符”，即咏其俗。金华的庆元旦和祭祖是联系在一起的。宗族祭祖在古代民间一直是比较盛大而隆重的活动，祭祀耗资往往是用族田或墓田地租收入作为来源，祭祀当然要用酒。元旦这天清早，全家老少穿戴新衣，按长幼辈分有序的在厅堂拜祭祖先，再拜团聚的长者，大家互拜后，人人要从祭桌上取过一盅家酿酒，行举觞贺新岁大礼，口说吉祥话，举杯齐饮。不会饮酒的大人和小孩，也要移杯小嘴一抿，以示礼成，然后按长幼入席，共享“元旦宴”。新春会拜礼仪为“初一拜自家，初二拜姑舅，初三拜岳丈，初四初五拜年满畈走”。

当然金华酒不仅是在年终饮用，元宵节、清明节、端午节也同全国各地一样，节庆活动都会饮用本地所产的金华酒。相传旧时兰溪商行习俗，农民于此日投售莲子，无论多少，老板都要邀住喝中秋酒，谓喝酒者越多，表示其生意越兴隆，平日里再吝啬的老板，这时也肯破费，这酒在古时概多为金华酒。另外旧时在永康、东阳、义乌等店家中，吃团圆饭时，也请伙计、学徒上桌，席间，老板以各种形式暗示，告诉对方来年是“留用”还是“回掉”。伙计、学徒在席间是忧心忡忡，无心吃喝，也称“耽心酒”。

农家酿酒一般在秋收之后，此时新谷收仓，交够应纳的租税，留足阖家所需的口粮外，若还有盈余，则可以酿酒了。特别是农历九月初九的重阳节前后，“白酒家家新酿，黄花日日重阳”，此时也是农家酿酒的高峰期。后人认为重阳节登高饮酒可以消灾避祸，此种风俗习惯流传下来，过去每逢此节日，合家老少携酒带食到高山之巅，饮酒以禳除灾殃，开怀畅饮者有之，登高赋诗者有之。清初大文学家、经学家朱彝尊其诗文集《曝书亭集》卷二二《九日篱菊未放桂有余花，里中诸子过，出金华酒小饮，分韵得小字》："丛桂落余花，双瓶出清醥。我客不速来，勿论户大小。冷笑登高人，牵拂风林杪。"朱彝尊是嘉兴人，当地是否有重阳节必喝金华酒的传统不得而知，未见明确记载，但朱彝尊本人遍邀"里中诸子"，应该是嘉兴邻里一起喝，恐怕不是他自己一个人的传统。

2. 婚俗与金华酒

婚姻是人生大事，它不仅是两个青年男女之间爱情的象征，也是两个家庭的结合，自古以来就备受人们的重视。为使婚礼举行得隆重而热烈，古人还创设一套繁杂的礼仪程序，大概要分为六个程序，分别为纳采、问名、纳吉、纳征、请期和迎亲。酒作为各种仪式的媒介，在整个过程中发挥不可忽视的作用。为表达人们喜悦之情，人们以酒庆贺、以酒助兴，酒成为婚礼的伴侣，相伴左右，形影不离，使得古代婚礼都沉浸在浓郁的酒香之中。

古代婺州婚礼习俗也颇为复杂，多遵从古礼古俗，成亲前后，可谓都是一系列的"酒事"。过去的婚姻讲究"父母之命，媒妁之言"。婚礼从托媒酒开始，相当于现代的求婚，男方托媒人向女方发出求婚的意向，若女方同意议婚，男方则请媒人携带礼物去女方家正式行聘礼。当然这过程中，男方要设宴款待媒人，而且女方也要用酒来招待媒人，以促进双方的“婚姻之合”。媒人到女方家问清女方的生辰八字与男方对照，占卜是否相生或是相克，相克此事就此作罢，若是相生，便开始进入订婚的阶段，这就是“纳吉”，金华现在叫“订婚酒”。男方向女方家送聘礼，称为“大聘”，只有这道程序完成之后，男方才可以把女方娶过来。订婚之后约定婚期，就是男方送过聘礼后和女方约定合婚的日期，确立日期后，准备礼物请媒人通报女方，此事酒宴叫“择日酒”。在选择日期的过程中，还要以占卜的形式选择合适的迎娶吉日，举行合婚仪式的最佳时辰以及合适的迎亲人选等。

金华一带还流行喝“陪嫁酒”，女儿出嫁前一晚，父母为嫁女备酒席，告别诸亲戚。最为隆重的是迎亲，又叫娶亲，是整个婚俗里面最热闹、最隆重的部分。迎亲队伍到达男方家后，便进入婚礼的最高潮——拜天地。典礼过后，新娘在迎亲队伍的搀扶下进入洞房，要喝交杯酒。随之，在各项仪式进行完毕后，所有宾客均入席欢宴，新人逐一敬酒，以表示对各位宾客的感谢。二更鼓后，有利市婆婆送给新郎新娘的每碗蒸有三个鸡卵的“鸡卵酒”，意寓甜甜蜜蜜，三元及第。除此以外，还有拜叔伯酒、拜太公酒、回门酒、敬邻酒到谢媒酒等等，不一而足。可以说整个婚俗过程离了酒是寸步难行。

金华斗牛，民风古朴，源远流长，但金华斗牛风俗究竟始于何时无考。据清末进士、县人王廷扬所作《斗牛歌》小序中说，金华斗牛始于赵宋明道年间（1032—1033），积习相沿，经久不衰。据《金华县志》所述："斗牛之选养十分讲究，要选颈短、峰高、后身短小，生性凶悍的黄牯牛。"平时教以斗法，经常训练，使之善斗。斗牛胜败往往要影响主人声望，所以主人对斗牛护理精细，粪尿随拉随扫，热天牧童为其打扇，驱蚊降温，甚至挂以蚊帐，饲以优质草料，另加麦、豆等精粮。有时还要专为斗牛酿制陈年上等好酒，习惯上称"牛酒"。酿"牛酒"，要糯米多，用水要紧，酒龄长，也叫"紧水老酒"，品质特别优异。为了喂养能成名的牯牛，主人往往舍不得将酒拿出来开坛，除非是至尊至亲的亲戚长辈来，才可以开坛。若是外地人，听说主人要舀给牛喝的酒，常常会心生疑虑，其实是主人一片诚心。

3. 降诞庆贺之俗

当一家之中有幼婴诞生，其家人欢天喜地为之张罗衣食住行，其亲友、乡邻闻讯而来为其祝福，是皆大欢喜之事。古来因为男尊女卑，降诞礼又大有不同。小孩子出生的第二天，婺州习俗要办"三朝酒"，也称"三朝礼"。旧俗尤其是生男孩，三朝酒要办得更热闹高兴，名曰"皇男酒"，含有子孙昌盛、家业兴旺之意。外婆会送来大公鸡、肉丸、面条、糯米粉等，以庆大喜特喜，有些地方还要给至亲亲友送红蛋，取之为"得子"的谐音，再者鸡蛋是圆的，寓意为"状元"的意思，亲友在满月前会回送鸡、鸡蛋、面条等物。本家要做

“三朝酒”，宴请外婆及亲房。酒席之间要抱出孩子拜长辈，受大礼红包，甚至金银首饰礼物。更要由长辈寿星给孩子用箸头点尝三汤五味和美酒，大家欢天喜地为孩子助兴，气氛十分热闹，寄托着大家对孩子的祝福。有的地方，品三朝酒时，还会颂“甜甜酒，福禄寿，舔舔箸头，一世弗愁”。如果小孩脸上露出酒窝，人们又会说“面上两个小酒窝，大来家里金满箩”。孩子满月时，理发师用黄酒和水润发，理个桃形发式，剃好满月头又要办满月酒请客。

金华，称酒为“福水”、“太平君子”、“天禄大夫”，对酗酒者，称“酒糊涂”、“酒醉徒弟”、“黄汤痨病”，并投以鄙视的眼光。金华作为酒乡，酒俗自然特别丰富，推动着酒的生产，更陶冶着人们的酒德和酒文化的发展。在金华民间，四时八节、庆典礼乐无不飘逸着酒的芳香。酒，融入到许多人人生的各个阶段中，如出生酒、满月酒、周岁酒、生日酒、择日酒、定亲酒、婚酒、寿酒、丧酒；酒，又酣畅在民俗风情里，造房有奠基酒、开工酒、上梁酒、乔迁酒，收禾要开镰酒、庆丰酒、封镰酒，学艺要拜师酒，入塾要迎师酒，正如辛弃疾所云：“天下事，可无酒？”酒，造就了金华人尚饮、善饮、豪饮的性格。滔滔的婺江水贯穿于金华广袤田畴间，滋养了一方的风物和民俗，也孕育了独特的金华酒文化。

[叁]金华酒与中药养生

现代科学告诉我们，无论是白酒、黄酒，还是啤酒、果汁酒、保健养生酒，都含有各种营养物质，具有一定的使用价值，只要以文明、卫生的方式科学适度饮用，就能有益于人类的身心健康，预防疾病，实现延年益寿的目的。科学研究表明，适度饮酒可以有益于减肥、健美，有益于健胃开脾，增强记忆力，同时饮酒也要注意方式方法。关于酒的功效，元代宫廷医生忽思慧在其书《饮膳正要》中说：“酒味苦甘辣，大热有毒，主行药势，杀百邪，通血脉，厚肠胃，润皮肤，消忧愁，多饮损寿伤神，易人本性，酒有数般，唯酝酿以随其性。”李时珍赞扬酒的医药用途就说：“酒，天之美禄也。面曲之酒，少饮则和血行气，壮神，御寒，消愁，遣兴。”

酒可以化身为药酒和滋补保健酒，是因为酒有提神补气、舒筋活血的功效。适度饮酒，可以加速血液循环，促进新陈代谢，增强消化能力。其中或将药物酿入酒中，作为医药或者养生的饮品。酒是一种良好的医用溶剂，它能溶解许多难溶或不溶于水的物质，所以人们常常拿酒来浸泡中草药，用来制作药酒和滋补保健酒，仅李时珍《本草纲目》中就有五加皮酒、枸杞酒、菊花酒等六十八种酒，李时珍认为用金华酒浸泡药物效果最佳。《本草纲目》之谷部第二十五卷《酒别录中品》：“时珍曰东阳酒即金华酒，古兰陵也，李太白诗所谓‘兰陵美酒郁金香’即此，常饮入药俱良。”不是所有酒都可以入药，李时珍指出在明代山西襄陵酒、苏州薏苡酒，皆清烈。但曲中亦有药物，黄酒有灰。秦蜀有咂嘛酒，用稻、麦、黍、秫、药曲小罂封酿而成，以筒吸饮，谷气既杂，酒不清美，同样不可入药。金华酒之所以成为良好的中药滋补保健酒，是同其独特的酿造技艺分不开的。《本草述钩元》卷十四《谷部·酒》："入药用金华酒最佳，其麴惟用麸麪，蓼汁拌造，蓼亦解毒，清香远达，假其辛辣之力也。"蓼草本属辛辣之物，有助于药力发挥出来。药借着酒力，一些有效成分可以在体内吸收转为有效物质。

金华酒可以用来浸泡药物以助药力发挥，早在明代医学著作《万氏家传养生四要》有记载，此书为明代万全所著。万全（1488—1578），明代著名医学家，字密斋，湖北省罗田县人，出身于名医世家。万全不仅临床经验丰富，且认真总结，著书立说，当时被誉为"医圣"。万全所著之书甚多，计有《保命歌括》三十五卷、《养生四要》五卷、《痘科心法》二十三卷、《育婴秘诀》四卷、《妇人科》三卷和《广嗣纪要》十六卷。他广泛搜集前人养生学的资料，汇萃诸家之长，参以已见，并亲自实践，著成《万氏家传养生四要》一书。该书卷二提到金华酒的用法：

凡辛热香美炙烤煎炒之物，必不可食，多食令人发痈。……大疔疽之故毒者，凡人发疽如麻如豆，不甚肿大，惟恨脚坚硬如石，神昏体倦，烦躁不安，食减嗌干，即疔毒也。其外如麻，其内如瓜，宜真人活命散主之，多多益善。栝蒌根一钱，甘草节、乳香各一钱，川山甲三大片、蛤粉炒。赤芍、白芷、贝母各一钱，防风七分，没药、皂角各五分，归尾酒洗，金银花三钱，大黄酒煨，木别八分。

书中提出上述药物必须要用“金华酒二盏煎服，服药后再饮酒数杯以助药力”。这种主治疔毒的真人活命散须用金华酒煎服，足见金华酒在当时医用上的广泛。原理就是能使药性移性于酒液中，服后有助于肠胃对于药物的吸收，迅速把重要成分运行于全身，使得药的作用发挥得更快、更好。

药酒着重药物的疗效作用，口感和风味处于次要地位。金华酒用于医用除了上述真人活命散之外，还有传世名药“濒湖白花蛇酒”。《本草纲目》鳞部卷四三记载：白花蛇一条（取龙头虎口，黑质白花，尾有佛指甲，目光不陷者为真，以酒洗润透，去骨刺，取肉四两），真羌活二两，当归身二两，真天麻二两，真秦艽二两，五加皮二两，防风一两。方剂主治中风伤酒，半身不遂，口眼㖞斜，肤肉(疒帬)痹，骨节疼痛；及年久疥癣，恶疮风癞。制备方法将蛇锉匀，以生绢袋盛之，入金华酒坛内，悬起，安置入糯米生酒酪五壶侵袋，箬叶密封，安坛于大锅内，水煮一日取起，埋阴地七日取出。每饮一至二杯。仍以滓晒干，碾米酒糊丸，如梧桐子大。每服五十丸，用煮酒送下。

金华酒养生的秘诀在于含有丰富的氨基酸、活性肽、多酚、有机酸、维生素和微量元素，据研究表明，每天坚持喝，可以起到活血化瘀、预防血栓及心脑血管疾病的发生，起到一定的保健作用。如氨基酸是蛋白质的分解物，也是构成生命的重要物质，必需氨基酸是人体生长发育和维持体内氮平衡的重要物质，体内不能自行合成，而金华酒可以直接供给人体必需的氨基酸。

金华酒作为具有地域性特征的米酒，其饮用方式也同其他米酒颇有相似之处。古人在享受金华酒时时常温热而饮。在注碗中注入热水，把注子加入酒之后，放在注碗中进行温热，据说，以温度达到40℃为宜，若酒温过高，则酒精挥发过多，淡而无味。温热之后酒香四溢，酒味柔和，特别适宜寒冬时节饮用，起到驱寒祛湿的作用。金华酒虽酒性温和，但有后劲，因此正确的饮用方式应该是浅酌慢饮，才是养生之道。

金华酒因为是纯酿造酒，部分酒品种甜度较高，但这甜度不是外加的，而是各种酶分解之后产生的葡萄糖，具有特殊的风味。明人王世贞《弇州四部稿》卷四十九："金华酒色如金，味甘而性纯，食之令人懑懑，即佳者十杯后舌底津流，旖旎不可耐，余尤恶之。"因为金华酒甜度较高，在明代就有些消费者难以接受。不过喜欢喝的人，认为金华酒甜而不腻，喝完颊齿芬芳。甜度较高的金华酒宜冷饮。

金华酒还有食疗的功能。除了单独常温饮用、温热饮用外，还可以与一些食材合饮。如与桂圆、荔枝、红枣、人参同煮，对于体质虚弱、夜寝不安、贫血、腹泻、月经不调均有疗效。还可煮鲫鱼、冲红糖、煮阿胶，甚至简单的冲鸡蛋均可，均有不同程度的养生功能。

[肆]金华酒与文学艺术

酒与文学艺术水乳交融，密不可分。我国自古以来就有“酒文一家”，“酒文天地缘”之说。文学家更因酒而增加了灵感，如“李白斗酒诗百篇”，“张旭三杯草圣传”。酒因文学而声名远播，如曹操一句“何以解忧，唯有杜康”，使得杜康酒名闻天下，杜牧的一句“借问酒家何处有，牧童遥指杏花村”，使得杏花村酒身价百倍。酒与文艺可谓珠联璧合，相得益彰。纵观中国文学艺术史，无论是四书五经、经史子集，无论是楚辞汉赋、唐诗宋词、元曲明清小说，无论散文、对联、成语、书画、戏剧，总有酒香满溢。大体而言，酒和文艺的联系有几个方面：一是直接用文艺形态描写酒的酿造和酒的特性，二是描写人的饮酒行为，三是以酒为主题描写人们的悲欢离合，四是借酒抒发人的感情和情绪，五是文艺家借酒来写自己的人生态度，六是酒宴之上赠答之作或是酒后抒怀之作，如此等等。因此，从文艺家之作，完全可以看出金华酒的饮用曾经深入中国古代社会，它与政治军事、皇权社稷、世俗百态、亲疏远近、喜怒哀乐等有密切联系，无论是祭奠、庆典、飨客、践行、羁旅、解愁、祈福、禳灾、良辰、佳节都需要饮酒。饮者从超尘脱俗的雅士到庸庸碌碌的凡夫俗子，从意气风发的达者到穷困潦倒的腐儒，从须发皆白的长者到满身稚气的童子，从才华横溢的才子到目不识丁的文盲，从重义轻利的侠客到重利轻义的商人，从古寺名刹的僧道到青楼歌馆的女子，可以说，金华酒文化是一种地道的大众文化。

作为文艺的一个特殊门类——小说，也与酒密切相关。小说比起诗词歌赋具有篇幅长、容量大，叙述描写细腻，易于被大众接受等特点，所以小说中不仅有大量与酒有关的场景，更是通过酒刻画了人物性格，揭示了人物的思想情态，推动了情节发展，使得酒成为大众喜闻乐见的艺术表现手段。金华酒自唐宋元明清以来，一直是重要的地域性黄酒产品，深受各地消费者欢迎。金华酒和中国小说也有千丝万缕的联系，当然金华酒和小说的关系同中国小说发展史是分不开的。中国小说发展相对较迟，萌芽于先秦时期，发展于魏晋南北朝时，成熟于明清时期，所以探讨金华酒和中国小说的关系，主要从明清时期入手，这也是金华酒最负盛名之时。

1. 明代小说

晚明时期是中国历史上文化撞击和融合的变革时代，是中国传统社会向近代社会转变的关键时期。其时，小农经济向市场经济转变，人身依附关系向经济关系转变，社会价值也从重农抑商转向重商风气，表现在人的思想层面就是对人格独立的追求，憎恶泯灭天性的道德说教，突破原有的伦理纲常。明代初年有酒禁，随后改为酒税制。随着商品经济的发展，城镇大规模的兴起和生活物品需求量的剧增，加之社会习俗的影响，酒的需求量大增，表现在酒的品种和销量的增多以及饮酒的场合的广泛上，这些都在明代小说中有所反映。

晚明市民社会逐渐趋于成熟，反映市民情趣的市民小说逐步兴起，从某种角度来说，市民文化就是“性文化”的同义词。纵欲主义的性观念，表现赤裸裸的、淫荡的性生活的色情文学成为了晚明性文化的主要内容，其中尤以《金瓶梅》最为著名。书中的主角西门庆是个纵欲无度的酒色之徒，他从小就是“浮浪子弟”，后来不过是“清河县破落户财主”，而“近来发迹有钱”，在县里管些公事，“说事过钱，交通官吏”，一生都在花天酒地里度过，自己也因纵欲过度死于三十三岁的壮年。

《金瓶梅》一书给我们展现了晚明市民社会生活的图景，饮酒就是其中重要的内容。开篇首列《四贪词》，旨在警戒“酒”、“色”、“财”、“气”之“四贪”者，书中几乎是每回必饮，一百回里有九十八回写到酒。酒在《金瓶梅》被反映得淋漓尽致，品种繁多，饮酒方式花样百出，可称中国第一部“酒小说”。《金瓶梅》第一回《西门庆热结十弟兄　武二郎冷遇亲哥嫂》：单道世上人，营营逐逐，急急巴巴，跳不出七情六欲关头，打不破酒色财气圈子。到得那有钱时节，挥金买笑，一掷巨万。思饮酒真个琼浆玉液，不数那琥珀杯流；要斗气钱可通神，果然是颐指气使。西门庆之流几乎每次早饭都要有酒，连龟儿和仆妇都沾酒，不仅喝滋补的头脑酒、羊羔酒，还喝度数比较高的金华酒，拿春梅的话来说大清早筛来"荡寒"的，至于晚饭饮酒更是习以为常，更不消说那些社交场所，每日喝得烂醉如泥。

《金瓶梅》中描写了众多各地名酒，其中提到最多的是金华酒，潘金莲多次说"吃螃蟹得就些金华酒吃才好"，全书点明酒类之段共七十一处，其中提及金华酒三十二次，另外南酒和浙酒在明朝也指金华酒，河清酒产自金华兰溪，金华所产酒被提到四十七次。细查《金瓶梅》这书，据学者研究，其实和金华这个地方颇有渊源。《金瓶梅》提到的酒的种类很多，但大多用的是通名，如茉莉酒、菊花酒、葡萄酒、白酒、黄酒、豆酒等，只有金华酒是以地籍为名的。这可能有两种解释：一是当时山东地界名气最大、饮用最多的就是金华酒，二是《金瓶梅》的作者有意借作品来宣传金华酒。果真如此的话，其作者应该是金华人，至少是与金华有密切关系的人。因为如此，不少人认为《金瓶梅》乃是金华人所写，或者是与金华渊源颇深的人所写，如李渔、汪道昆等人。《金瓶梅》一书中除了金华酒之外，还有大量反映金华地区风俗、方言的词句，如吃的东西就提到了烧卖、松饼（金华酥饼俗称"松饼"）、流心红李子（红心李，东阳特产）、春不老炒冬笋（即腌制的九头芥炒冬笋），这是典型的浙江菜系。特别是在《金瓶梅》第六十四回中，西门庆为犒劳众宾客，叫人唱道情，唱了韩文公雪拥蓝关的故事和李白好酒贪杯的故事，而义乌道情就被列为浙江四大民间说唱艺术之一。《金瓶梅》中还有不少南方方言，如空落落（心里冷冷清清）、帮衬（帮凑）、“火笼”（江浙一带最普遍的冬天取暖用具），书中写烘火笼的姿势“夹在裆里，拿裙子裹得严严的，且熏热身上”，与江浙农村妇女烘火笼的姿态完全一样。

《金瓶梅》全书提到金华酒达数十次之多的原因十分复杂，可能是同作者有关，有人据此认为，小说的作者是浙江人，不然不会对金华酒如此热爱。实际上，金华酒就是产于浙江金华的酒。金华酒在明代中后期的声誉颇盛，一度是明代嘉靖万历年间京师内风靡一时的佳酿名饮。明人冯时化在其《酒史》中说到当时北京官僚们的时尚，为：晋字、金华酒、围棋和左传文。万历年间，北京宛平知县沈榜的《宛署杂记》，详细记载了北京高级宴会上按照官职大小分别饮用的不同档次的酒水，依次为：金酒、豆酒、薏酒和料酒。他所说的金酒固然未必就是金华酒，也有南京产的另外一种好酒的可能性。但是，有一个现象特别有趣而值得注意，就是宴会时一定要准备下三百二十个金华酒坛子。也就是说，不管你里边装的是什么酒，一定要装入特制的金华酒坛里才好上席，可见金华酒在当时的北京所享有的声誉是何等之高了。

《金瓶梅》酒王国中的“南酒”一族，金华酒与绍兴酒的地位不相上下却相映生辉。它俩与惠泉及四并头构成为“南酒”中的极品，成为社会各界相互馈赠的佳物。其中，据郑培凯同志《〈金瓶梅词话〉与明人饮酒习尚》（载台北出版的《中外文学》第十二卷第六期）统计分析可以认为：“‘金华酒’出现的场合最多，是全书述及酒类中最经常饮用的品种。”

下面我们简单梳理下《金瓶梅》中如何描写金华酒的情节，以此来透视金华酒与明代社会生活的关系，分为兄弟宴饮、妻妾日常宴饮和社交宴饮三方面来分别叙述。

第一就是和酒肉兄弟宴饮。

西门庆有一班子的酒肉朋友“每月会茶饮酒”，他的这些朋友都是些泼皮无赖之徒，其中有“破落户”出身的应伯爵，“游手好闲”、“如今作常闲”的谢希大，以及“因事革退，专一在县前与官吏保债”的吴典恩等，他们的饮酒欢会，大多有妓女相伴，就是所谓“喝花酒”，男女调笑、不堪入目。书中大量的饮酒描写都是和情节交织在一起，为凸显人物的性格服务，这些描写把西门庆等人的丑恶本性暴露无遗。

第一回《西门庆热结十弟兄　武二郎冷遇亲哥嫂》：话说西门庆一日在家闲坐，对吴月娘说道：“如今是九月廿五日了，出月初三日，却是我兄弟们的会期。到那日也少不的要整两席齐整的酒席，叫两个唱的姐儿，自恁在咱家与兄弟们好生玩耍一日。你与我料理料理。”到了次日初二日，西门庆称出四两银子，叫家人来兴儿买了一口猪、一口羊、五六坛金华酒和香烛纸札、鸡鸭案酒之物，又封了五钱银子，旋叫了大家人来保和玳安儿、来兴三个：“送到玉皇庙去，对你吴师父说：‘俺爹明日结拜兄弟，要劳师父做纸疏辞，晚夕就在师父这里散福。烦师父与俺爹预备预备，俺爹明早便来。’”只见玳安儿去了一会，来回说：“已送去了，吴师父说知道了。”吴道官写完疏纸，于是点起香烛，众人依次排列。吴道官读毕，众人拜神已罢，依次又在神前交拜了八拜。然后送神，焚化钱纸，收下福礼去。不一时，吴道官又早叫人把猪羊卸开，鸡鱼果品之类整理停当，俱是大碗大盘摆下两桌，西门庆居于首席，其余依次而坐，吴道官侧席相陪。须臾，酒过数巡，众人猜枚行令，耍笑哄堂，不必细说。

每年十月初三是西门庆和兄弟固定的相会日期，西门庆很看重这帮兄弟，自己单独出了三两银子，在玉皇庙安排了两桌酒宴，其中必备之酒就是金华酒，虽然西门庆也知道弟兄们明摆着吃他用他。

《金瓶梅》第三十五回《西门庆为男宠报仇　书童儿作女妆媚客》：早间韩道国送礼相谢：一坛金华酒，一只水晶鹅，一副蹄子，四只烧鸭，四尾鲥鱼。帖子上写着“晚生韩道国顿首拜”。书童因没人在家，不敢收，连盒担留下，待的西门庆衙门回来，拿与西门庆瞧。西门庆使琴童儿铺子里旋叫了韩伙计来，甚是说他：“没分晓，又买这礼来做甚么！我决然不受！”那韩道国拜说：“小人蒙老爹莫大之恩，可怜见与小人出了气，小人举家感激不尽。无甚微物，表一点穷心。望乞老爹好歹笑纳。”西门庆道：“这个使不得。你是我门下伙计，如同一家，我如何受你的礼！即令原人与我抬回去。”韩道国慌了，央说了半日。西门庆吩咐左右，只受了鹅酒，别的礼都令抬回去了。教小厮拿帖儿，请应二爹和谢爹去，对韩道国说：“你后晌叫来保看着铺子，你来坐坐。”韩道国说：“礼物不受，又教老爹费心。”应诺去了。西门庆又添买了许多菜蔬，后晌时分，在翡翠轩卷棚内，放下一张八仙桌儿。应伯爵、谢希大先到了。西门庆告他说：“韩伙计费心，买礼来谢我，我再三不受他，他只顾死活央告，只留了他鹅酒。我怎好独享，请你二位陪他坐坐。”伯爵道：“他和我讨较来，要买礼谢。我说你大官府哪里稀罕你的，休要费心，你就送去，他决然不受。如何？我恰似打你肚子里钻过一遭的，果然不受他的。”

韩道国、应伯爵介绍给西门庆做绒线铺主管的，“其人性本虚飘，言过其实，巧于词色，善于言谈。许人钱，如捕风捉影；骗人钱，如探囊取物”。那西门庆见他“言谈滚滚，满面春风”，就留下了，于是韩道国积极感恩戴德，送礼相谢，这礼单中就有当然最流行的礼品金华酒，这些细节都是写实之作，后来韩道国还把自己的妻子王六儿送去给西门庆享用。

第四十二回《豪客拦斗玩烟火　贵家高楼醉赏灯》：单表西门庆

打发堂客上了茶，就骑马约下应伯爵、谢希大，往狮子街房里去了。吩咐四架烟火，拿一架那里去。晚夕，堂客跟前放两架。旋叫了个厨子，家下抬了两食盒下饭菜蔬，两坛金华酒去。又叫了两个唱的——董娇儿、韩玉钏儿。原来西门庆已先使玳安雇轿子，请王六儿同往狮子街房里去。玳安见妇人道："爹说请韩大婶，那里晚夕看放烟火。"妇人笑道："我羞剌剌，怎么好去的，你韩大叔知道不嗔？"玳安道："爹对韩大叔说了，教你老人家快收拾哩。因叫了两个唱的，没人陪他。"那妇人听了，还不动身。一回，只见韩道国来家。玳安道："这不是韩大叔来了。韩大婶这里，不信我说哩。"妇人向他汉子说，"真个叫我去？"韩道国道："老爹再三说，两个唱的没人陪他，请你过去，晚夕就看放烟火。你还不收拾哩！刚才教我把铺子也收了，就晚夕一搭儿里坐坐。保官儿也往家去了，晚夕该他上宿哩。"妇人道："不知多咱才散，你到那里坐回就来罢，家里没人，你又不该上宿。"说毕，打扮穿了衣服，玳安跟随，迳到狮子街房里来。西门庆道："也罢，你起来伺候。玳安，快往对门请你韩大叔去。"不一时，韩道国到了，作了揖，坐下。一面放桌儿，摆上春盘案酒来，琴童在旁边筛酒。伯爵与希大居上，西门庆主位，韩道国打横，坐下把酒来筛，一面使玳安后边请唱的去。西门庆吩咐棋童回家看去，一面重筛美酒，再设珍馐，叫李铭、吴惠席前弹唱了一套灯词。唱毕，吃了元宵，韩道国先往家去了。应伯爵见西门庆有酒了，刚看罢烟火下楼来，因见王六儿在这里，推小净手，拉着谢希大、祝实念，也不辞西门庆就走了。玳安便道："二爹哪里去？"伯爵向他耳边说道："傻孩子，我头里说的那本帐，我若不起身，别人也只顾坐着，显的就不趣了。等你爹问，你只说俺们都跑了。"落后，西门庆见烟火放了，问伯爵等那里去了，玳安道："应二爹和谢爹都一路去了。小的拦不回来，多上覆爹。"西门庆就不再问了。因叫过李铭、吴惠来，每人赏了一大巨杯酒与他吃。

那日王皇亲家乐扮的是《西厢记》。不说画堂深处，珠围翠绕，歌舞吹弹饮酒。单表西门庆那日打发堂客这里上茶，就骑马约下应伯爵、谢希大往狮子街房里去了。分付四架烟火，拿一架那里去；晚夕堂客跟前放两架。那里楼上，设放围屏桌席，挂上灯，旋叫了个厨子，生了火，家中抬了两食盒下饭菜蔬、两坛金华酒，叫了两个唱的，董娇儿、韩玉钏儿。原来西门庆先使玳安顾下轿子，请王六儿同往狮子街房里去。见妇人："爹说请韩大婶那里晚夕看放烟火。"

这次元宵灯会，西门庆邀应伯爵、谢希大、韩道国、王六儿等到狮子街看焰火，其中还有两位妓女陪吃，事后还有韩道国之妻王六儿和西门庆的苟且之事。明代宴客用酒妓、歌童、优伶佐酒的现象十分普遍，这些佐酒的歌妓主要来自家养的姬妾娈童、以及杂剧优伶、青楼女子。酒妓作为青年女性的服务职业，从事陪酒、陪坐、陪舞甚至于陪寝，在我国源远流长。《金瓶梅》书中的西门庆和兄弟饮酒场面，多呈庸俗不堪之景象，穿插情节之中不可或缺的酒，就是金华酒。

第二就是和妻妾家庭日常宴饮。

第二十回《傻帮闲趋奉闹华筵　痴子弟争锋毁花院》：话说西门庆在房中，被李瓶儿柔情软语，感触的回嗔作喜，拉他起来，穿上衣裳，两个相搂相抱，极尽绸缪。一面令春梅进房放桌儿，往后边取酒去。春梅笑着只顾走。金莲道："怪小肉儿，你过来，我问你话。慌走怎的？"那春梅方才立住了脚，方说："他哭着对俺爹说了许多话。爹喜欢抱起他来，令他穿上衣裳，教我放了桌儿，如今往后边取酒去。"单表西门庆与李瓶儿两个相怜相爱，饮酒说话到半夜，方才被伸翡翠，枕设鸳鸯，上床就寝。两个睡到次日饭时。李瓶儿恰待起来临镜梳头，只见迎春后边拿将饭来。妇人先漱了口，陪西门庆吃了半盏儿，又教迎春："将昨日剩的金华酒筛来。"拿瓯子陪着西门庆每人吃了两瓯子，方才洗脸梳妆。一面开箱子，打点细软首饰衣服，与西门庆过目。拿出一百颗西洋珠子与西门庆看，原是昔日梁中书家带来之物。又拿出一件金镶鸦青帽顶子，说是过世老公公的。起下来上等子秤，四钱八分重。李瓶儿教西门庆拿与银匠，替他做一对坠子。又拿出一顶金丝鬏髻，重九两。因问西门庆："上房他大娘众人，有这鬏髻没有？"西门庆道："他们银丝鬏髻倒有两三顶，只没编这鬏髻。"妇人道："我不好戴出来的。你替我拿到银匠家毁了，打一件金九凤垫根儿，每个凤嘴衔一溜珠儿，剩下的再替我打一件，照依他大娘正面戴的金镶玉观音满池娇分心。”西门庆收了，一面梳头洗脸，穿了衣服出门。

这些情节中，李瓶儿一大早起来就有喝金华酒的习惯，大概是为了驱寒气。黄酒普遍被认为是温和补养的东西，男女老少皆宜，无论清晨黄昏，一两斤地喝着。所以要筛酒喝是和金华酒的特点有关系，金华酒为发酵法做的压榨酒，酒的酒糟和酒液是混合在一起的，待要吃的时候须用网眼筛子垫布过滤，并随即加温。加温之后的金华酒当然可以驱寒又不太伤胃。

第二十一回《吴月娘扫雪烹茶　应伯爵替花邀酒》：且说西门庆起来，正在上房梳洗。只见大雪里，来兴买了鸡鹅嗄饭，迳往厨房里去了。玳安又提了一坛金华酒进来。便问玉箫：“小厮的东西，是哪里的？”玉箫回道：“今日众娘置酒，请爹娘赏雪。”西门庆道：“金华酒是那里的？”玳安道：“是三娘与小的银子买的。”西门庆道：“啊呀！家里见放着酒，又去买！”吩咐玳安：“拿钥匙，前边厢房有双料茉莉酒，提两坛搀着这酒吃。”于是在后厅明间内，设锦帐围屏，放下梅花暖帘，炉安兽炭，摆列酒席。不一时，整理停当。李娇儿、孟玉楼、潘金莲、李瓶儿来到，请西门庆、月娘出来。当下李娇儿把盏，孟玉楼执壶，潘金莲捧菜，李瓶儿陪跪，头一盅先递了与西门庆。西门庆接酒在手，笑道：“我儿，多有起动，孝顺我老人家常礼儿罢！”那潘金莲嘴快，插口道：“好老气的孩儿！谁这里替你磕头哩？俺们磕着你，你站着。羊角葱靠南墙——越发老辣！若不是大姐姐带携你，俺们今日与你磕头？”一面递了西门庆，从新又满满斟了一盏，请月娘转上，递与月娘。月娘道：“你们也不和我说，谁知你们平白又费这个心。”玉楼笑道：“没甚么。俺们胡乱置了杯水酒儿，大雪，与你老公婆两个散闷而已。姐姐请坐，受俺们一礼儿。”月娘不肯，亦平还下礼去。玉楼道：“姐姐不坐，我们也不起来。”相让了半日，月娘才受了半礼。金莲戏道：“对姐姐说过，今日姐姐有俺们面上，宽恕了他。下次再无礼，冲撞了姐姐，俺们也不管了。”望西门庆说道：“你装憨打势，还在上首坐，还不快下来，与姐姐递个盅儿，陪不是哩！”西门庆又是笑。良久，递毕，月娘转下来，令玉箫执壶，亦斟酒与众姊妹回酒。惟孙雪娥跪着接酒，其余都平叙姊妹之情。

前回吴月娘和西门庆为娶李瓶儿置气一回，大雪夜月娘烧香言归于好。第二日小老婆们聚集臧否一回，撺掇着家中摆酒庆贺。西门庆见来兴儿雪地里提回鸡鹅下饭和金华酒，说“家里现放着酒，又去买”，一面叫把前厢房的双料茉莉酒，提两坛搀着吃。茉莉花熏茶是常事，浸酒只《金瓶梅》中见，双料（双倍分量）还恐味不足。不过这也看出西门庆不大喜欢金华酒。《客座赘语》就说它“味甘而殢舌，多饮之拖沓不可耐”，西门庆也不喜欢喝它，金华酒此时质量下降，有名无实，因而后来就渐渐被其他好酒顶出了明朝的北京市场。

第二十三回《赌棋枰瓶儿输钞　觑藏春潘氏潜踪》：话说一日腊尽春回，新正佳节，西门庆贺节不在家，吴月娘往吴大妗子家去了。午间孟玉楼、潘金莲都在李瓶儿房里下棋。玉楼道："咱们今日赌甚么好？"金莲道："咱们赌五钱银子东道，三钱银子买金华酒儿，那二钱买个猪头来，教来旺媳妇子烧猪头咱们吃。说他会烧的好猪头，只用一根柴禾儿，烧的稀烂。"玉楼道："大姐姐不在家，却怎的计较？存下一分儿，送在他屋里，也是一般。"说毕，三人下棋。下了三盘，李瓶儿输了五钱。金莲使绣春儿叫将来兴儿来，把银子递与他，教他买一坛金华酒，一个猪首，连四只蹄子，吩咐："送到后边厨房里，教来旺儿媳妇蕙莲快烧了，拿到你三娘屋里等着，我们就去。"玉楼道："六姐，教他烧了拿盒子拿到这里来吃罢。在后边，李娇儿、孙雪娥两个看着，是请他不请他？"金莲遂依玉楼之言。不一时，来兴儿买了酒和猪首，送到厨下。蕙莲笑道："五娘怎么就知道我会烧猪头，栽派与我！"于是起到大厨灶里，舀了一锅水，把那猪首蹄子剃刷干净，只用的一根长柴禾安在灶内，用一大碗油酱，并茴香大料，拌的停当，上下锡古子扣定。哪消一个时辰，把个猪头烧的皮脱肉化，香喷喷五味俱全。将大冰盘盛了，连姜蒜碟儿，用方盒拿到前边李瓶儿房里，旋打开金华酒来。玉楼拣齐整的，留下一大盘子，并一壶金华酒，使丫头送到上房里，与月娘吃。其余三人坐定，斟酒共酌。后晌时分，西门庆来家，玉箫替他脱了衣裳。西门庆便问：

“娘往那去了？”玉箫回道：“都在六娘房里和大妗子、潘姥姥吃酒哩。”西门庆问道：“吃的是甚么酒？”玉箫道：“是金华酒。”西门庆道：“还有年下你应二爹送的那一坛茉莉花酒，打开吃。”一面教玉箫把茉莉花酒打开，西门庆尝了尝，说道：“正好你娘们吃。”教小玉、玉箫两个提着，送到前边李瓶儿房里。

吃酒要有下酒。桌上摆出来，总是鸡鹅鸭鱼，孟玉楼、潘金莲、李瓶儿皆已经吃厌，于是就打发来旺儿媳妇蕙莲烧猪首吃，三人将其中“拣齐整的”，留下一大盘子，送到大娘那边去尽礼数。不过这段时间内西门庆不大喜欢喝金华酒，喜欢喝茉莉花酒。

第三十四回《献芳樽内室乞恩 受私贿后庭说事》：书童拿了水来，西门庆洗毕手，回到李瓶儿房中。李瓶儿便问：“你吃酒？教丫头筛酒你吃。”西门庆看见桌子底下放着一坛金华酒，便问：“是哪里的？”李瓶儿不好说是书童儿买进来的，只说：“我一时要想些酒儿吃，旋使小厮街上买了这坛酒来。打开只吃了两盅儿，就懒待吃了。”西门庆道：“啊呀，前头放着酒，你又拿银子买！前日我赊了丁蛮子四十坛河清酒，丢在西厢房内。你要吃时，教小厮拿钥匙取去。”两个正饮酒中间，只见春梅掀帘子进来。见西门庆正和李瓶儿腿压着腿儿吃酒，说道：“你们自在吃的好酒儿！这咱晚就不想使个小厮接接娘去？只有来安儿一个跟着轿子，隔门隔户，只怕来晚了，你倒放心！”西门庆见他花冠不整，云鬓蓬松，便满脸堆笑道：“小油嘴儿，我猜你睡来。”李瓶儿道：“你头上挑线汗巾儿跳上去了，还不往下拉拉！”因让他：“好甜金华酒，你吃盅儿。”西门庆道：“你吃，我使小厮接你娘去。”那春梅一手按着桌儿且兜鞋，因说道：“我才睡起来，心里恶拉拉，懒待吃。”西门庆道：“你看不出来，小油嘴吃好少酒儿！”李瓶儿道：“左右今日你娘不在，你吃上一盅儿怕怎的？”春梅道：“六娘，你老人家自饮，我心里本不待吃，俺娘在家不在家便怎的？就是娘在家，遇着我心不耐烦，他让我，我也不吃。”西门庆道：“你不吃，喝口茶儿罢。我使迎春前头叫个小厮，接你娘去。”因把手中吃的那盏木樨芝麻熏笋泡茶递与他。那春梅似有如无，接在手里，只呷了一口，就放下了。

第七十八回《西门庆两战林太太　吴月娘玩灯请蓝氏》：秋菊放盒内掇着菜儿，绣春提了一锡瓶金华酒。吩咐秋菊：“你往房里看去，听着若叫我，来这里对我说。”那秋菊把嘴谷都著了去了。一面摆酒在炕桌上，都是烧鸭火腿，熏腊鹅、细鲊糟鱼、果仁、咸酸蜜食、海味之类，堆满春台。绣春关上角门，走进在旁边陪坐。于是筛上酒来，春梅先递了一盅与潘姥姥，然后递一盅如意儿，一盅与迎春。

第九十五回《平安偷盗假当物　薛嫂乔计说人情》：春梅教海棠：“你领到二娘房里去，明日兑银子与他罢。”又叫月桂：“拏大壶内有金华酒，筛来与薛嫂儿吃荡寒。再有甚点心，拏上一盒子与他吃。”又说：“大清早辰，拏寡酒灌他。”

像这类的饮酒场面，全书中比较多。大户人家，条件比较优越，三日一小宴，五日一大宴。无论大事小事，动辄小厮们出去拎一两坛“金华酒儿”，“娘们吃”。金华酒应该是米做的黄酒，清甜绵软，酒精度不高，怪不得几房老婆一吃就是一坛。其中的“河清酒”也是金华酒种类之一。明张萱《疑耀·河清酒》：“兰溪河清酒，自宋元已有名，第其时已有甘滞不快之訾。”仔细算起来西门庆之所以不大主张都喝金华酒，还是和金华酒酒价高昂有关系，家中日常饮用，未免奢华，丁蛮子的四十坛产自兰溪的河清酒因为是赊的，先吃酒，后付钱，所以西门庆叫妻妾们先喝这种酒，不要每次都到市场中买贵的金华酒。

第三十五回《西门庆为男宠报仇　书童儿作女妆媚客》：良久，李瓶儿和大姐来到，众人围绕吃螃蟹。月娘吩咐小玉：“屋里还有些葡萄酒，筛来与你娘们吃。”金莲快嘴，说道：“吃螃蟹得些金华酒吃才好！”又道：“只刚一味螃蟹就着酒吃，得只烧鸭儿撕了来下酒。”月娘道：“这咱晚哪里买烧鸭子去！”李瓶儿听了，把脸飞红了。……金莲道：“我要告诉你，还没告诉你。我前日去俺妈家做生日去了，不在家。学说蛮秫秫小厮，揽了人家说事几两银子，买嗄饭在前边治了两方盒，又是一坛金华酒，掇到李瓶儿房里，和小厮吃了半日酒，小厮才出来。没廉耻货来家，学说也不言语，还和小厮在花园书房里插着门儿，两个不知干着什么营生！平安这小厮，拏着人家帖子进去，见门关着，就在窗下站着了。蛮小厮开门看见了，想是学与贼没廉耻的货，今日挟仇，打这小厮，打的膫子成！那怕蛮奴才，到明日把一家子都收拾了，管人吊脚儿事！”

明清两朝民间吃葡萄酒，在很多小说里都有提到。西门庆家吃螃蟹跟葡萄酒，金莲为了刺着李瓶儿招待了书童儿在房里吃酒，就说吃螃蟹须得就金华酒，还得再来只烧鸭子，刺得瓶儿脸上红一阵白一阵，后来还和西门庆告状，说李瓶儿和书童儿的苟且之事。不过单说饮酒配搭，金莲有理。今天中国人持螯把酒，把的还是黄酒。西餐里吃虾蟹海鲜这些东西，配的是白葡萄酒。不过古代葡萄酒不分红白，也像金华酒一样筛着喝就要出大事情了，热热地烫着喝葡萄酒，非把法国、意大利的品酒师给吓个不轻。

第四十四回《避马房侍女偷金　下象棋佳人消夜》：李瓶儿这里打发西门庆出来，和吴银儿两个灯下放炕桌儿，摆下棋子，对坐下象棋儿。吩咐迎春："拿个果盒儿，把甜金华酒筛下一壶儿来，我和银姐吃。"李瓶儿与吴银儿下了三盘棋，筛上酒来，拿银盅儿两个共饮。于是教迎春递过色盆来，两个掷骰儿赌酒为乐。

酒令是古代饮宴时根据一定的规则以罚代劝的一种佐酒形式，行酒令是中国酒文化重要的娱乐内容。西门庆和他的妻妾虽然文化层次不高，但是受传统酒文化影响，也会行酒令，只不过是其中较俗的内容。寻常百姓寻常见，至今民间仍未衰落。酒令工具就是骰盘，包括骰子、骰盒、盘子。骰，古称为“琼”，俗称“色子”，六面正方体，用木石、象牙、塑料等硬质材料制成。用骰子作为行令工具，通过骰子采点，象征符号及其相应规定来决胜负，定赏罚的酒令叫骰令。这种酒令在民间大众普遍流行，既通俗易懂又方便应用，使用广泛，操作性强，具有较强的生命力，深受酒客欢迎。其实行骰子令的方法多种多样，名目繁多，包括猜点令、六顺令、正月掷骰令、长命富贵令、事事如意取十六令、歌风令、连中三元令等。其中最简单的就是猜点令，就是席中酒令官用骰筒装进两枚骰子后，盖好骰筒，然后用手使劲摇动骰筒，摇动后其结果秘而不宣，席间有人猜点数，猜毕，酒令官当众打开骰筒，清点点数予以公布，猜中后令官自饮，不中则猜者罚饮。李瓶儿和吴银儿掷骰儿赌酒为乐，大概就是最简单的猜点数。

第五十二回《应伯爵山洞戏春娇　潘金莲花园调爱婿》：潘金莲赶西门庆不在家，与李瓶儿计较，将陈敬济输的那三钱银子，又教李瓶儿添出七钱来，教来兴儿买了一只烧鸭、两只鸡、一钱银子下饭、一坛金华酒、一瓶白酒、一钱银子裹馅凉糕，教来兴儿媳妇整理端正。金莲对着月娘说：“大姐那日斗牌，赢了陈姐夫三钱银子，李大姐又添了些，今治了东道儿，请姐姐在花园里吃。”吴月娘就同孟玉楼、李娇儿、孙雪娥、大姐、桂姐众人，先在卷棚内吃了一回，然后拿酒菜儿，在山子上卧云亭下棋，投壶，吃酒耍子。不一时，陈敬济来到，向月娘众人作了揖，就拉过大姐一处坐下。于是传杯换盏，酒过数巡，各添春色。

西门府邸内宴饮活动的酒令不只是掷骰子，还有投壶。投壶是古已有之的酒令，源于古代射礼，是将战场之上的神箭原理运之于酒场之上的一种游戏。具体办法是宾主依次取箭（一般五寸见长，刻成鹤形），每人发六支，在规定的距离内投向口径较小的壶中，称六鹤齐发，投中者为胜，不中者罚酒。宋赵与时说："余谓酒令盖始于投壶之礼，虽其制皆不同，而胜饮不胜者则一。"因为这酒令比较简单，所以潘金莲诸人也多以此取乐。

第七十五回《因抱恙玉姐含酸 为护短金莲泼醋》：且说西门庆走过李瓶儿房内，掀开帘子。如意儿正与迎春、绣春炕上吃饭，见了西门庆，慌的跳起身来。西门庆道："你们吃饭。"如意儿在炕边烤着火儿站立，问道："爹，你今日没酒，还有头里与娘供养的一桌菜儿，一素儿金华酒，留下预备筛来与爹吃。"西门庆道："下饭你们吃了罢，只拿几个果碟儿来，我不吃金华酒。"一面教绣春："你打个灯笼，往藏春坞书房内，还有一坛葡萄酒，你问王经要了来，筛与我吃。"绣春应诺，打着灯笼去了。却说如意儿和迎春，有西门庆晚夕来吃的一桌菜，安排停当，还有一壶金华酒，向坛内又打出一壶葡萄酒来，午间请了潘姥姥、春梅、郁大姐弹唱着，在房内做一处吃。

虽然妻妾们日常都喝金华酒，但西门庆对常喝到的金华酒颇有厌倦之心，指名要喝葡萄酒。葡萄酒主要的酿制技术是利用果皮自身携带的天然酵母菌自然发酵而成的，但是也有加曲酿制的，甚至还使用烧酒的技术，在明代民间颇为普遍。

第三是西门庆家族社会交往用金华酒。

第七十回《老太监引酌朝房　二提刑庭参太尉》：何千户问："长官今日拜毕部堂了？"西门庆道："从内里蒙公公赐酒出来，拜毕部，又到本衙门见堂，缴了札付，拜了所司。出来就要奉谒长官，不知反先辱长官下顾。"何千户因问："长官今日与夏公都见朝来？"西门庆道："夏龙溪已升了指挥直驾，今日都见朝谢恩在一处，只到衙门见堂之时，他另具手本参见。"说毕，何千户道："咱们还是先与本主老爹进礼，还是先领札付？"西门庆道："依着舍亲说，咱每先在卫主宅中进了礼，然后大朝引奏，还在本衙门到堂同众领札付。"何千户道："既是如此，咱们明早备礼进了罢。"于是都会下各人礼数，何千户是两匹蟒衣、一束玉带，西门庆是一匹大红麒麟金缎、一匹青绒蟒衣、一柄金镶玉绦环，各金华酒四坛。明早在朱太尉宅前取齐。约会已定，茶汤两换，西门庆告辞而回，并不与夏延龄提此事。一宿晚景提过。朱太尉令左右抬公案，当厅坐下，吩咐出来，先令各勋戚中贵仕宦家人送礼的进去。须臾叫名，二人应诺升阶，到滴水檐前躬身参谒，四拜一跪，听发放。朱太尉道："那两员千户，怎的又叫你家太监送礼来？"令左右收了，吩咐："在地方谨慎做官，我这里自有公道。伺候大朝引奏毕，来衙门中领札赴任。"二人齐声应诺。

西门庆“本系市井棍徒，夤缘升职，滥冒武职，菽麦不知，一丁不识。……赃迹显著，贪鄙不职”，他依靠官府势力，欺压良民，无恶不作，之所以敢于如此肆无忌惮的原因在于入京买得官职。明代官场黑暗，公然卖官鬻爵，西门庆等人送上的礼品就有金华酒。一来金华酒属于比较高档的酒，另一方面明代中期的京师最流行金华酒，根据已发现的典籍记载。金华酒兴盛于明弘治到嘉靖、万历年间，畅销全国各地。

第七十二回《王三官拜西门为义父　应伯爵替李铭解冤》：只见玳安拿帖儿进来，问春梅：“爹起身不曾？安老爹差人送分资来了，又抬了两坛金华酒，四盆花树进来。”春梅道：“爹还没起身，教他等等儿。”玳安道：“他好抄近路儿，还要赶新河口闸上回说话哩。”不想西门庆在房中听见，隔窗叫玳安问了话，拿帖儿进，折开看着，上写道：

“奉去分资四封，共八两。惟少塘桌席，除者散酌而已。仰冀从者留神，足见厚爱之至！外具莳花二盆，清玩；浙酒二樽，少助待客之需。希莞纳，幸甚！”

安老爹指安忱，蔡蕴同榜进士。先任工部观正，回家完婚与蔡蕴同路过清河与西门庆相会，次年回京城晋升为工部主事差人送分资来了。分资就是共同送礼或筹办事情，每人分摊的钱。西门庆见四盆花草：一盆红梅，一盆白梅，一盆茉莉，一盆辛夷，两坛南酒，满心喜欢……虽系轻言谩语，却确凿不二地在南酒、浙酒与金华酒间几乎是划上了个相等的符号。换句话来讲，只有金华酒，才具有代表南酒的正式资格，当然也就获得了浙酒的全权享誉了！能够到这种品位，恐怕在其它酒中着实也就难以攀比了！

第九十五回《玳安儿窃玉成婚　吴典恩负心被辱》：春梅还在暖床上睡着没起来哩。只见大丫鬟月桂进来说："老薛来了。"春梅便叫小丫头翠花，把里面窗寮开了。又叫月桂："大壶内有金华酒，筛来与薛嫂儿荡寒。再有甚点心，拿一盒子与他吃。省得他又说，大清早辰拿寡酒灌他。"薛嫂道："桂姐，且不要筛上来，等我和奶奶说了话着，刚才也吃了些甚么来了。"春梅道："你对我说，在谁家？吃甚来？"薛嫂道："刚才大娘那头，留我吃了些甚么来了。如此这般，望着我好不哭哩。说平安儿小厮，偷了印子铺内人家当的金头面，还有一把镀金钩子，在外面养老婆，吃番子拿在巡检司拶打。这里人家又要头面嚷乱。那吴巡检旧日是咱那里伙计，有爹在日，照顾他的官。今日一旦反面无恩，夹打小厮，攀扯人，又不容这里领赃。要钱，才把傅伙计打骂将来。唬的伙计不好了，躲的往家去了。央我来，多多上覆你老人家。可怜见，举眼儿无亲的。教你替他对老爷说声，领出头面来，交付与人家去了，大娘亲来拜谢你老人家。"春梅问道："有个帖儿没有？不打紧，你爷出巡去了，怕不的今晚来家，等我对你爷说。”薛嫂儿道：“他有说帖儿在此。”向袖中取出。春梅看了，顺手就放在窗户台上。不一时，托盘内拿上四样嗄饭菜蔬，月桂拿大银盅，满满斟了一盅，流沿儿递与薛嫂。薛嫂道：“我的奶奶，我怎捱的这大行货子？”春梅笑道：“比你家老头子那大货差些儿。那个你倒捱了，这个你倒捱不的，好歹与我捱了。要不吃，月桂，你与我捏着鼻子灌他。”薛嫂道：“你且拿了点心，与我打个底儿着。”春梅道：“老妈子，单管说谎。你才说吃了来，这回又说没打底儿。”薛嫂道：“吃了他两个茶食，这咱还有哩？”月桂道：“薛妈妈，你且吃了这大盅酒，我拿点心与你吃。俺奶奶怪我没用，要打我哩。”这薛嫂没奈何，只得灌了一盅，觉心头小鹿儿劈劈跳起来。那春梅努个嘴儿，又叫海棠斟满一盅教他吃。薛嫂推过一边说：“我的那娘，我却一点儿也吃不的了。”海棠道：“你老人家捱一月桂姐一下子，不捱我一下子，奶奶要打我。”那薛嫂儿慌的直撅儿跪在地下。春梅道：“也罢，你拿过那饼与他吃了，教他好吃酒。”海棠使气白赖，又灌了半盅酒。见他呕吐上来，才收过家伙，不要他吃了。

《金瓶梅》书中百回文章，洋洋洒洒，泱泱百万言之多，多道酒事，可谓“酒”小说。关于酒的悲喜剧情节，可谓异彩纷呈、各显其妙，令读者读来兴奋不已。其中跌宕起伏、扣人心弦情节的过程中，作者不只牢牢掌握住“无酒不成形象”的创作原则，还须满足主要人物典型性格塑造的刻意要求，以便更巧妙地施展“非酒不足以渲染典型环境”的细节处理方法，以此可见作者之细心。

不过跳出书中情节，其所言酒事固然是内容的需要，同时也体现了万历年间那种“以欢宴放饮为豁达，以珍味艳色为盛礼”的社会风气的影响。万历时期社会风气日坏，奢侈风气盛行，挟妓饮酒几无禁忌。万历皇帝溺于酒色，喜怒无常，大理寺评事雒于仁冒死上《四箴疏》，规劝其戒除酒色财气，当即被打入天牢，这在《金瓶梅》中也有反映。该书第一回就是以酒色财气作引，第六十五回迎接黄太尉的官员就有人叫陈四箴，就是暗喻此事。第三回《定挨光王婆受贿　设圈套浪子私挑》：自古“风流茶说合，酒是色媒人”。俗话说，酒是灌肠毒药，色是刮骨钢刀，气是上山猛虎，财是亡命之兆。尽管不少人这么说，但是，有更多的人把这些话置若罔闻，而对“酒色财气”乐此不疲。西门庆丑恶的历史和可恶的下场，为我们提供了一个酒色之徒的典型教训，其实酒色财气本身没有什么罪恶可言，反而是人们生活之必需，关键是取之有道、用之有度。

作为明代社会流行之物的金华酒，除了在《金瓶梅》提到之外，明代小说中提到金华酒的还有多部作品。《欢喜冤家》是崇祯年间的作品，作者西湖渔隐主人，其人不详。该书全二十四章回，每回演一个故事，集中描写了各种曲折奇异的婚姻悲喜剧，生动展示了明代社会形形色色的人情世态，其中既有对青年男女追求爱情自由的讴歌，也有对禁欲主义虚伪性的大胆揭露，还有对女性独立人格及聪明才智的充分肯定。小说流露出明显的文人和市民趣味，不免落入俗套，曾在清代被多次禁毁。《欢喜冤家》下卷第八回《铁念三激怒诛淫妇》中讲了崔福来、铁念三和崔福来的妻子香姐的故事，类似武松、武大郎和潘金莲的故事。

这香姐本就不是个东西，她是个丫鬟，却和主人有染，被女主人一怒之下贱卖。这铁念三起初也是好意，见自己同室的军汉崔福来，五十岁了，一把年纪的人没个老婆，就牵线搭桥促成了两人的一段姻缘。想那二十多岁的姑娘，嫁给一个五十多岁的老头，如何不觉得憋屈，更不用说香姐这样的荡妇了，于是她开始勾引媒人铁念三。这铁念三光棍一条，烈火一团，捧着香姐这样的干柴，岂不燃烧，于是两人便有了奸情。然而铁念三却没想到，这香姐却不甘心只与他做露水夫妻，她非要和铁念三成个一世的鸳鸯，她告诉铁念三，要杀了崔福来，与铁念三私奔。这时，铁念三害怕了，他知道这香姐能杀了丈夫，就能杀了自己，于是一不做二不休，一刀剁下香姐的脑袋，以出差为名，逃之夭夭。送水的何礼背了黑锅，被邻里以强奸未遂，杀了香姐的罪名告进了监狱。这铁念三以为无事了，到香姐的灵牌前烧香，被香姐的魂灵附体，道出了先与香姐通奸，后杀害香姐的实情，被官府抓获处死。其中有段香姐勾引铁念三的情节，就和金华酒有关系。

香姐想道："看这黑黑蛮子不出，倒要想白白得人妻子。若前日不移开，毕竟他也难分黑白了。"又想道："我丈夫已是告消乏的了。

便和这黑蛮来消消白昼，倒也好。”想道：“有计了。有的是金华酒在此，待他明日来，我学一出潘金莲调叔的戏文，看看何妨。”又想道：“这黑汉子要像武二那般做作起来，怎生像样。”又想一下道：“差了，那是亲嫂嫂，做出来两下都要问死罪的。为怕死，假道学的。我与他有何挂碍，有何妨。”又笑道：“潘金莲有一句曲儿，甚是合题：‘任他铁汉也魂销，终落圈套。’”

饮酒过量就会迷失本性，失去理智，有的胡言乱语，有的胡作非为，有的喝的太多任人摆布，有人则会酒后乱性。把人灌醉之后，然后达到苟且的目的，成为戏曲小说中常见的情节。潘金莲调戏武松的戏文在《金瓶梅》中多有论及，香姐也想用以此勾引铁念三。明末，随着商品经济的发展，市民阶层日益壮大，市井文化氛围以及市民阶层特有的审美观念、情趣逐步影响整个社会风气，加深了社会本身固有的放荡、纵欲色彩。金华酒作为流行之消费品，又是宴饮欢娱不可或缺的消费品，成为市井小说中经常出现的物品。从文化精神来说，酒和色都是极具原始性、破坏性的事物，都是人的欲望觉醒的产物。

成书于明万历三十一年（1603年）的《萨真人得道咒枣记》描写的是萨真人积善学道，升飞成仙的故事。书中写惩戒王恶的情节，以及关于萨真人的灵怪传闻当时在各地都有传播，小说家采集并利用时，大同小异，此详彼略，未必一定有传承关系。该书第七回《真人

火烧广福庙 城隍命王恶察过》:

却说萨真人焚了广福庙，转到高表家来。那高表兄弟感他救了两个儿女，遂整顿厚席报谢真人。乃杀了一只刚生的猪、一只柔毛的羊、一只司晨的鸡、一只红掌的鹅、一只绿头的鸭，又网了几尾锦鳞的鱼，摆列得齐齐整整。萨真人刚至其家，即问道：“此席面何为而设？”高表道：“蒙先生法力救了小女、小侄，聊备此席相酬。”真人大惊，说道：“为我一人，宰此数生，吾之罪也。”遂合掌忏悔，念不住(那)消灾灭罪之经。既而与高老道：“贫道乃出家之人，戒酒断荤，有劳盛设，请收了罢。”高表兄弟愕然，说道：“先生既吃斋，寒舍可没甚么殷勤。”真人道：“不消。吾要告辞而去。”高老道：“广福王烧了庙宇，先生一去，他若来奈何我家，怎生了得？先生可在此权住一二年去方好。”真人道：“那神道被吾烧毁，焉敢再来作祸？你只管放心。”高表兄弟再三留之，真人无奈，也只得权留一两个月。高表兄弟以这个先生既吃斋素，乃呼童去办那斋果斋菜。时四月天气，园中除了枇杷、李子、杏子、樱桃，没有什么果品，只自己家中还藏的有新新鲜鲜的橘子、甜甜蜜蜜的甘蔗、圆圆净净的大栗、清清洁洁的土瓜。有了这些果品，却又南涧中采取芹菜，西园中掘取笋根，东山上寻取木耳，北山上讨着茅菰。又炊了香馥馥的箐精饭，煮了细嫩嫩的先春茶，开了碧澄澄的金华酒，煮了滑溜溜玉糁羹，把这些蔬菜、果品、饭食叫家童摆在桌上，高表兄弟自去客房中请着真人过午。真人道："多蒙老丈厚爱，只是贫道受了葛仙翁仙师咒枣的当饭一餐，咒九枣则度一日，这些果品、蔬食菜羹，贫道一发不用。"高老道："依先生这般说来，一发辟谷了。"

为报答萨真人拯救两位女儿之恩，高氏兄弟盛情款待，因萨真人不食荤腥，只吃斋素，所以精心准备了一些芹菜、竹笋、木耳、茅菰、米饭、菜羹等蔬食，而萨真人因为是道士，修行"辟谷"成仙之俗，不食凡物而却之，其中就提到了咒枣。"咒枣"为民间道术，指用咒过的枣子驱邪治病，流行颇广，但各派方法略有差别。通常先用香水将枣洗净，然后左手心持枣，右手掐诀（多用斗诀）对枣念咒。咒语各派所传不同，咒后的枣子或让病人嚼服，或用咒过的清水、香汤及桃枝汤吞服。有的还将枣核留下，缚病人衣带中，倘病愈，则将枣核和纸钱当门焚之，以为送谢。此法常施于民间，故较简捷，历代颇有精于此道的名家。如南宋周密《齐东野语·明真王真人》云，王"居常以符水、咒枣等术行乞村落"。又传说萨守坚得虚靖天师授以咒枣之术，萨用之有验，一日凡咒百余枣，止取七十文为用，余者复以济贫。

值得注意的是道教和酒的关系。早期的道教戒律并无不饮酒的条规，现存最早的道教戒律五斗米道《老君想尔戒》，分上中下三行，每行三条，共九条皆无戒酒之条。金代全真道出，丘处机始创传戒制度，入道者必须受戒才能成道士。该教的《初真戒律》、《中极

戒》、《天仙大戒》等合称“三堂大戒”，多达数百条，对生活各方面均作出规定。这些教规中有明确的不许饮酒的戒律。此时的一些教内文献，还明确了违犯这些教规的惩罚办法，例如《教主重阳帝君责罚榜》便作出“四酒色财气食荤，但犯一者，罚出”的规定。但普通信仰者却没有要求严格戒酒，只是要求禁止酗酒。所以高表兄弟作为普通人献上当时的高档酒——金华酒，但身为道士的萨真人却是不能饮用的。

《石点头》，又名《醒世第二奇书》，明代拟话本集，题“天然痴叟著”。虽多因果说教，但自清道光十八年（1838年）以来，仍被列入淫词小说禁目中。《花案奇闻》抨击了社会的黑暗，抨击了淫僧恶棍。但此书写狎妓，又写男风盛行，清政府认为有伤风化，故而禁之。该书第十二回《侯官县烈女歼仇》，故事大概是说宋靖康年间，威武州侯官县（今福州）有一秀才董昌，娶了长乐秀才申屠虔的女儿申屠希光为妻。申屠希光才貌双绝，歹棍方六一为了谋占她，一边假意和董昌亲近，一边又利用泉州盗案，勾结官府，诬陷董昌为盗首。昏官贪赃枉法，制造冤狱，董昌无辜受戮。方六一随即议娶申屠希光，申屠希光窥出奸意，将计就计，答应婚事，终于套出真情，杀了方六一，为夫报仇雪恨。该书歌颂申屠娘子为履行伦理责任，给含冤死去的丈夫报仇申冤，确证为妻的价值，“奋勇捐躯伸大义，刚肠端的胜男儿”的高尚品质。

这方六一贪图申屠娘子的美色，设计接近穷酸秀才董昌就是以送礼开道的。

且说董秀才，一日方要出门到学中会文，只见一人捧着拜匣走入来，取出两个柬帖递上。董昌看时，却是一个拜帖，一个礼帖，中写着：“通家眷弟方春顿首拜。”礼帖开具四羹四果，绉纱二端，白金五两，金扇四柄，玉章二方，松萝茶二瓶，金华酒四坛。董昌不认得这个名字，只道是送错了，方以为讶。外面三四个人，担礼捧盒，一齐送入，随后一人头顶万字头巾，身穿宽袖道袍，干鞋净袜，扩而充之，踱将进来。董昌不免降阶相迎，施礼看坐。这人不是别人，便是方六一这厮。

古代社交中的“拜帖”相当于现代的名片，其中署名为“通家眷弟方春”。董昌和方春本无关系，而为结交董昌，方春硬说：“同与先生土著三山城中，何谓不是交亲。”编派出仰慕董昌“高才绝学，庠序闻名，定然高攀仙桂，联捷龙门。自今相拜以后，即为故交，日后便好提拔”的结交理由，其中礼帖就是礼单。“四羹四果，绉纱二端，白金五两，金扇四柄，玉章二方，松萝茶二瓶，金华酒四坛”都是贵重的礼品，其中就有当时的高档酒——金华酒。虽然推辞再三，但董昌年少智浅，见他这般殷勤，只道是好意，更兼寒儒家，绝少盘盒进门，见此羹果银纱等物，件件适用，想来受之亦无害于理。董即唤转使人，也写个通家眷弟的谢帖，打发去了，从此酿出祸端。

2. 清代小说

清初，符合儒家正统思想的程朱理学回归，强调普遍社会伦理的构建，极力掩盖个人的独立价值，在文学上出现一股逆流，完全否定小说戏曲的价值，认为这些“诱惑后生、伤风败俗”。与晚明崇尚怪人、奇人不同，清初文学的理想人格就是端方君子和贞洁烈女，这些基调一直延续到清代末年。金华酒虽然从明末开始在全国影响力逐步衰落，但仍然在一些地区，特别是江南地区普遍流行。清代小说中描写金华酒的还有不少，它们对于烘托人物性格，表现典型环境，促进情节发展都有重要的作用。

创作于清代中前期的《林兰香》是继《金瓶梅》之后一部重要的世情小说。作者模仿《金瓶梅》，写一个家庭的兴衰及一群女子的命运。全书描写的是明代世家巨族耿家百余年盛衰荣枯的经历，既有兴旺时的富丽繁华，也有没落时的悲惨凄凉。此后曹雪芹在《红楼梦》中写贾府由极盛而极衰的过程，与《林兰香》可谓是一脉相承。小说中的女性，大多知书明理、才华出众、灵心慧性、善良可爱，而男主人公耿朗是明朝开国功臣耿再成之支孙，却是个才智平平、贪恋酒色的庸人。该书第五十四回《水深火热病萧郎 梦想魂思逢倩女》就有金华酒出场：“耿朗听了，有些悔悟。次日云屏来了，大家又都细细宽解，耿朗方才放下。不想，果然梦亦无了。又将息了许多日，便复旧如初的好起来。一时亲眷都送食物与耿朗，起病酒则有南和酒、麻姑酒、金华酒、葡萄酒。茶则有鹤岭茶、缙云茶、蒙顶茶、仙茅茶。果品则有东昌枣、密罗柑、肃宁桃、永平梨。肉食则有泰和鸡、固始鹅、滦州鲫鱼、上海黄雀，及各处土产。耿朗爱性澜、情圃的温柔清雅，便教他两个同青棠、丹棘一般，日日照料饮食，不离左右。”主人翁耿朗因得暑毒，近期都在静养，一日到泗国公府内养病，梦见其已死的妾燕梦卿、任香儿，不觉得梦寐颠倒，魂魄迷离，此后几日不是梦见被火烧了，就是梦见被水淹了，不然就是被刀兵伤了，惊惊恐恐、忽忽悠悠，睡亦不安、卧亦不宁。其妾春畹衣不解带，成夜相守，爱娘、彩云俱来作伴，对他进行劝解，后来其妻林云屏亦来宽解。一时亲眷送来的养病起病的酒就有金华酒。正如上述金华酒的药用养生价值中所提到的，金华酒营养丰富，色泽黄而清亮，香气浓郁、口味醇厚，既是美酒佳酿，也是治病的药酒原料，对于产妇、久病虚弱者也是一味滋补剂。

金华酒不仅是日常滋补的饮品，还是社交场合必备的高档酒。创作于清代雍正年间的长篇章回体小说《姑妄言》是传统情色小说的集大成者，该书中色情描写占了相当大的篇幅。该书长期不知于文学界，它既涉及明末历史，有大量违碍语，又有出格的淫秽描写，是清代双料禁止对象，嘉庆、道光以后世所罕见。1966年，苏联汉学家李福清发现了藏于俄罗斯国立图书馆的二十四回本《姑妄言》手抄本，随后文学界逐步认识到其价值。书中主线是转世而来的一女四男的纠葛故事，其中瞽妓钱贵尚情重义，书生钟情忠孝侠义俱全，三个纨绔子弟宦萼、贾文物、童自大最终改邪归正。故事主线围绕着钟情、宦萼、贾文物、童自大这四个家庭展开。书中副线是那一干转世而来的忠奸人物，围绕着他们转世之后的家庭的遭际，依次显现明朝末年魏忠贤专权被杀、李自成造反入京、崇祯帝煤山自尽、弘光帝南京继位、马士英阮大铖把持朝政迅即败亡、满清朝廷入主中原等历史背景，最后以钟情缅怀故国、抛妻别子，入山甘做遗民的凄婉情绪为全书的终结。该书第十二卷《钟情百种钟情　宦萼一番宦恶》提到金华酒：

熊氏瞪着眼，道："要不是游大叔替你分辨明白，定叫你跪到明日早起。这一回饶过你，下次再要大胆。"牙一咬，道："仔细着你的狗命。"又道："你嘴上的毛都白了，还不如大叔一个小伙子，你不羞么？你别人赶不上也还罢了，自己一个亲表弟也赶不上。你不如撒泡尿死了罢，你活着现世。你看他待婶子何等小心，是怎个孝敬法子，你也请教他教导教导你。还不去预备些酒饭来投师呢。"甘寿亏游夏流救了他，感激得了不得。虽心里要请他，不敢作主。听得熊氏吩咐，忙去街上，到大荤馆中，掇了四碗上好美肴并些果品之类，又是一小坛上好的金华酒。将菜碟摆下，斟了酒，送上熊氏，让游夏流坐。游夏流道："哥站着，我怎么好坐得？"

悍妇熊氏因得痔疮等症，要其夫甘寿舔舐粪门，甘寿不肯，结果就是“蹶着一嘴白胡子，眼泪汪汪，头上顶着一块大捶衣青石，两手扶住壁，立直跪在那里”。老弟游夏流恰于此时来访，于是编谎说：“这痔疮是脏毒，全是一团火。人的舌头上也是有火的，舔的那一会儿虽然受用，过后更疼得利害。这是哥疼爱嫂子，怎么倒恼他？”这才算过去，熊氏吩咐招待游夏流，到大荤馆中，预备了些菜肴和果品，打的是上好的金华酒，这喝酒的场面恰好也体现了熊氏的悍妇性格，菜肴准备都是甘寿预备着，还要把“菜碟摆下，斟了酒”，送给熊氏。这些讽刺情节描写都是同饮酒紧密交织在一起的，这酒就是当时颇为流行的金华酒。

清代长篇白话小说《歧路灯》作者李观海，全书共一百零八回，全书叙述书香门第子弟谭绍闻堕落败家，又浪子回头重振家业的故事。对当时社会的吏治、教育和当时市井社会的世态人情、风习流俗有广泛生动的描写，但多说教内容。该书第六十四回《开赌场打钻获厚利　奸爨妇逼命赴绞桩》有关于酒妓和酒店的描写。

西偏院住了上好的婊子，二门外四间房子，一旁做厨房，一旁叫伺候的人睡，得法不得法？门外市房四间门面，两间开熟食铺子，卖鸡、鱼、肠、肚、腐干、面筋，黄昏下酒东西；两间卖绍兴、金华酒儿，还带着卖油酥果品、茶叶、海味等件。这城里乡间赌友来了，要吃哩，便有鲜鱼、嫩鸡；要喝哩，便有绍兴、金华；要赌哩，色盆、色子；要宿哩，红玉、素馨；嫖、赌、吃、喝，凭他便罢。

经过几千年的发展，凡是饮酒的场所，不论是私营酒家，还是官办酒库，大多有酒妓的存在。酒妓和酒店都是相伴而生的，高档豪华的酒店一般都有酒妓娱宾陪酒，浅斟低唱，当垆招呼，抚琴醉舞，挑逗调笑，甚至直接以肉体来娱宾遣兴。不少妓院也少不了兼营酒业，或是在妓院门口挑出来个幌子来，上面画个酒壶，或是挂个酒瓶，作为招揽顾客的广告。意思就是当你喝的酩酊大醉的时侯，大可进行留宿，继续享受妓院的服务。这里面附近城乡的赌友、嫖友相聚，里面"嫖、赌、吃、喝，凭他便罢"。这段描写，真实呈现当时的嫖客聚众饮酒的场面。

上面小说中无所不在的饮酒场面，反映出社会生活的各个方面，构成小说情节的重要因素，另一方面，酒又常常造成灾祸、悲剧、苦难、仇恨、道德伦理败坏等"恶果"，不少恶人借酒醉作恶，奸淫、杀人、霸产、劫财等。所以酒在小说中所反映的，更多的是生活中的负面作用。

[伍]金华酒文化遗存探寻

金华酒拥有深远的历史积淀，文化内涵十分丰富，它是中国数千年酒文化中的一朵奇葩。金华酒在全国酒林中曾经独树一帜，堪称酒林之一绝。由于金华得天独厚的自然条件，水质清洌甘甜，适宜于酿酒，加之悠久的酿酒历史和传统的酿酒技术，使得金华在古代就是出产高档美酒的地方。据文献记载，自唐宋以后，金华酒逐步在全国风靡流行起来，作为十分普遍的消费饮品，上至达官贵人，下至黎民百姓，无不争相饮用这琼浆玉液，各类酿酒作坊自然在金华各地应运而起。时过境迁，虽然金华酒不复当年的兴盛，但在金华各地，仍然可见当时的酒文化遗存。金华酒文化遗存大致可以分为地名街巷和器物遗存两方面。

1. 地名街巷

酒家作为酿酒行业集中生产和供销的重要场所，首先反映出了一个时代酿造业、饮食业的发展程度，同时也是当地商品经济繁荣的标志。酒与农业经济关系密切，一个时代的酒家行业发达，往往要消耗大量的粮食，印证农业的繁荣。其次酒税是政府收入的重要来源，酒业的繁荣也可以看出国家经济的好坏。另外，酒家还侧面反映出国家的政治、治安情况。古人说：“一郡之政观于酒”，酗酒成风、殴斗成习、酒讼频繁，也可以折射出当地的治安情况。同时酒家也是人们社会活动的重要场所，人际交往、聚散酣饮、消愁遣兴莫不来此。举办寿会、婚宴、丧席、祖筵，政治活动、商业事务、学术交流都离不开酒家，可以说，酒家是人们除了家庭以外的另一个重要场所。

酒坊巷位于金华古子城西侧，全长616米，宋朝时酒坊巷叫桐齐坊，古代曾经酒坊林立。该巷南北走向，由独立的民居连成，20世纪50年代，许多民居还保存着“前店后坊”的建筑格局，现今古风犹

存，在酒坊巷西侧，曾出土了大量的婺州瓷酒瓶和碎片。1996年，金华市区酒坊巷西侧的建筑工地上，发现厚达1.2米的元明时代的酒坛碎片堆积层。据史料佐证，今天的古子城酒坊巷在清代中期还是酒肆林立，此地酿制出售的中高档金华酒，可能是经婺江源源不断地由商贩销往大江南北，甚至远达北京，乃至更远的地方。

关于这个老街巷，对金华地方历史颇有研究的浙江师范大学历史系龚剑锋副教授曾有过考证，他指出酒坊巷是一条历史文化内涵很丰富的街巷：

> 酒坊巷，以将军路为界，以北的那段巷子旧称“太史第”，因宋朝进士潘良贵曾居住该巷而得名。但据我了解，潘良贵并没有当过太史令，为什么会将他府第所在的巷叫“太史第”，我至今还弄不明白。据《默成文集》、《宋史》记载，潘良贵是个清官，历史上有“清潘”之称。

龚剑锋考证指出酒坊巷巷名的来历：

> 将军路以南的一段，宋朝时叫桐齐坊，后来才改名叫酒坊巷。据考证，桐齐坊的名称也有一段来历。宋朝该巷位于古子城西大门处，因西大门城楼边有两棵大梧桐树，人们又称西大

门为桐树门。当时金华有首民谣“桐齐檐，出状元”，意思是桐树门边的梧桐树如果与西大门城楼的屋檐齐平的话，金华就要出状元了。宋朝时，古子城西大门口的梧桐树确实好几次碰到过城楼的屋檐，金华也还真出了陈亮、刘渭两个状元。因此，后来人们就将桐树门旁边的巷子叫桐齐坊。明朝时，金华人戚寿三在桐齐坊开设酒坊，所酿制的金华酒闻名天下，连当时京城也风行金华酒，《金瓶梅》中也提到过。桐齐坊的巷名因此被酒坊巷取代。

古子城酒坊巷中段西侧有口宋井，其名叫酒泉井，酒泉井的得名是清光绪年间，由金华知府继良亲自命名的。到了清末，金华酒已衰落，知府继良深谙金华酒的兴衰历程，为怀念昔日辉煌了近千年的“色如金，味甘而性纯”的金华酒，他把酒坊巷内这口曾酿制过名酒的古井命名为酒泉井。酒泉井至今传递着这一历史文化信息，是弥足珍贵的。值得一提的是，酒泉井以其特有的文化潜质，载入了《中国井文化》一书。

抗战时期，酒坊巷还设有几家杂志社编辑部和文化单位，当年那里曾是文化一条街。酒坊巷曾是著名刊物《浙江潮》编辑部所在地。1937年12月24日，杭州沦陷前夕，国民党浙江省党、政、军机关从杭州迁往金华与永康方岩。大批抗战青年和进步文化人士多数是中共党员，从上海、杭州、无锡、嘉兴等地，沿浙赣铁路撤退到金华。古老的金华，变成了浙江的政治、军事、文化中心。《浙江潮》从1938年2月创刊到1940年10月停刊，共出一百二十多期，为扩大浙江抗日统一战线、动员民众抗战作出了重要贡献。《浙江潮》请严北溟任主编，由十多位中共地下党员组成了编辑队伍，同时争取了省政府主席黄绍竑的支持。在发刊词中写道："春雨楼头尺八箫，何时归看浙江潮……我们要占据这文字的战垒，向敌人开炮，我们有的是铁和血，不达到收复失土，残渣倭寇，誓不停止!"后来，周恩来的《建军的重要性和社会军事化的实施》等重要文章得以顺利在《浙江潮》发表，使《浙江潮》成为强大的思想之潮、力量之潮。《浙江潮》除定期出刊外，还经常以周刊社名义在金华、丽水、龙泉、温州等地举行时事座谈会、报告会、读者会等。通过这些活动，激励青年的抗战热情。

对于酒坊巷这段峥嵘岁月的历史，我国著名儿童文学理论家蒋风教授曾接受《金华日报》记者采访。他回忆道：

说到酒坊巷，不能不提文明巷。上世纪三四十年代，我家就住在文明巷21号。1938年，我家住进了一位地下共产党员。他叫汤逊安，是余姚人。当时他是与金华人、地下党员钱荪蔚一起被派来金华开展地下党工作的，他担任中央金华特委民先（即中华民族先锋队）总负责人。汤逊安住进我家后，我就成了他争取的对象。当时我只有十二岁，正因为金华中学（金一中前身）搬到乡下去及家庭贫困置办不起住校的铺盖而辍学在家。在汤逊安革命道理的教育下，我开始担任他的小交通员，有时他开会我帮着望风。几个月后，我加入了中华民族先锋队。那时，我经常跟着汤逊安到酒坊巷参加《浙江潮》编辑部组织的时事报告会、读者座谈会、歌咏会等。当时《浙江潮》编辑部租了酒坊巷一个金华籍国民党官员的房子。那房子很大，《浙江潮》组织的时事报告会、读者座谈会等都在那里开。《浙江潮》一直办到上世纪四十年代初金华沦陷为止。《浙江潮》编辑部原来有好几个编辑是地下党员，后来我听说金华沦陷后好几个人被捕了。我当时虽然也经常去《浙江潮》编辑部，但因为年纪小，没有引起敌人注意。

1946年，英士大学从温州迁到金华，酒坊巷《浙江潮》编辑部的旧址就成了英士大学图书馆。当时我是英士大学农学院（设在现在金华六中位置）的大三学生，有时也去图书馆看书。金华本来是个只有两三万人的小城。1937年杭州沦陷时很多难民逃到金华，金华城市人口一时猛增至十来万人。近郊农民的房子都成了难民避难所。当时上海、杭州许多有名的报刊社、图书出版社也纷纷在金华设点，许多报刊、杂志社的编辑部就设在酒坊巷，比如“报刊联合资料室”就设在酒坊巷。“报刊联合资料室”设有一个“抗建论坛”，我当时经常去“抗建论坛”编辑部。记得“报刊联合资料室”的斜对面是《战地》编辑部，冯雪峰曾负责过该编辑部工作。酒坊巷还曾是台湾义勇军指挥部所在地。穿过酒坊巷到八咏楼，其斜对面有一条巷叫紫岩巷。当时有两家刊物《大风》、《刀与笔》（画刊）的编辑部就设在紫岩巷1号。“为什么抗战时期会有那么多报刊的编辑部设在酒坊巷？”记者问。蒋风教授答：“我认为主要原因有两点：一是当时酒坊巷的出租房比较多，房子好找；二是酒坊巷的路在当时来说比较宽，车子进出比较方便。”

金华傅村站房酿酒遗址入选“2008中国十大古代酿酒遗址评鉴榜”。入选的依次为李渡无形堂烧酒作坊遗址、茅台镇烧房遗址群、泸州大曲老窖池群、古杏花村酿酒遗址、水井街酒坊遗址、天益老号酒坊遗址、杜康村传统酒文化及古酿酒坊遗址、宜宾十二家老字号糟房、刘伶醉烧锅遗址以及金华酒坊巷与傅村站房酿酒遗址。傅村镇位于金华市金东区东北部，东北邻义乌市，西与源东乡毗邻，南接孝顺镇。傅村站房酿酒遗址位于傅村镇培德堂西侧，总面积有400多平方米，其作坊的布局仍清晰可见，如水井、原料间、炉灶、蒸煮间、晾堂、酒缸等。遗址完整地保留了清代中期金华酿酒工艺从原料浸泡、蒸煮、拌曲发酵、压榨酿酒等全流程的遗迹，具有鲜明的地域酿酒作坊的特色。民国初年，该作坊为傅村永福祥酿酒作坊。对这一遗址的考古研究，对研究传统的金华酒酿造技艺，传统手工业格局与分布情形，探究当时金华的社会经济发展状况，具有重要的学术研究价值。

2. 酒器

美食和美器的结合是中华饮食文化的重要特征，人们在饮酒时不仅讲究对象、环境、时节，还要讲究酒器的精美与否、适宜与否。中华酒器最初从原始人不满足于“污尊抔饮”，迫切需要发明器具以解决手掬、牛饮的不足开始，历经彩陶文明、玉石文明、青铜文明、瓷文明到近现代工业文明，不同的酒器常常展现出不同时代的历史内涵、不同阶层的精神文化气质以及相应的文化面貌，往往具有不同的艺术价值和历史价值。我国古代酿酒和饮酒，都有专用酒具和酒器。陶制酒器，就是陶土烧制的酒器，“酒”字在甲骨文中作“酉”字，如同酒皿之形。随后瓷器逐步取代陶器，它有坚固耐用、纯净美观、造价低廉、轻型简便、不腐不蚀的优点，普遍为人所接受，成为中国酒器的主流。

金华地区的婺州窑历史悠久，早在四千多年前即新石器时代晚期，金华的先民已经制造陶器，还在西周早期，这里已出产通体施青釉的酒樽了。20世纪80年代初，金华的考古工作者在当时的东阳县古光乡古渊头遗址、义乌县平畴乡平畴遗址、武义县德云乡红山村凤凰山遗址等西周遗址里，发掘出一批原始瓷，其中有许多为当时的酒具，如樽、罐、盉等。春秋战国时期，青黄色釉酒盅，已成平常酒器。三国时，婺州窑烧制的大型瓷酒罍，国内罕见。近年来，兰溪许多乡镇都曾发现两宋婺州窑的遗址。如上碗窑，在石渠乡黄泥山下村；嵩山窑，在水阁乡。婺州窑产品为青瓷，兴起于西汉，存续于两晋南北朝，极盛于两宋，釉色莹润，造型大方，善作各种酒器。石渠乡上碗窑宋代窑址散落着星罗棋布的碎瓷片，当地村民相传古时有99条龙窑，可见瓷窑之多。因农民建房挖出的瓷片堆积层厚的有2米多厚，器具大都为酒坛、酒壶、酒瓶、碗之类，胎壁较厚，瓷质不及嵩山窑的细腻，其中酒坛大都高35厘米左右，最大腹径20多厘米，正适合包装酒类以供远途运输之用。由此可见，南宋时代，兰溪佳酿正是凭借了婺州窑的酒器包装才远销绍兴、临安，直至淮扬等地的，兰溪瀫溪春的名闻遐迩，是与婺州窑的兴盛分不开的。当然不止兰溪一地，从金华地区各遗址出土的陶瓷中，古代酒器占有一定比例，如罐、瓿、樽、盉、壶、杯、盏等，它囊括了古代酒具的四大类，即盛酒类、温酒类、注酒类、饮酒类。20世纪80年代，婺州古瓷在北京故宫博物馆展出，轰动了京城。中国民俗学之父钟敬文赞叹道："说金华在这里开了半个中国酒文化展览会，并不过分。"

据《金华日报》记者报道，在金华收藏家吕学姜先生家中有一个残破的陶瓶，鼓腹细足，典型的宋代酒瓶式样。陶瓶的瓶口部分已经残缺，但是青白色的釉面依然光亮。最吸引人的是瓶腹的那一个深红色的“官”字。据吕本人认定，“从酒瓶的形状、烧制方式和‘官’字的字体，可以确定这个酒瓶是宋代的。这是市区首次发现的宋代‘官’字酒瓶，印证了史料上对宋代金华酒业辉煌历史的记载”。

该记者认为，宋代是金华酒业发展的重要时期，宋以前五代时候金华属于吴越国，吴越王钱镠为求偏安江南，岁岁向五代各王朝进贡，其中的绍兴酒和金华酒为定制的贡酒。宋代金华酒业发达，南宋绍兴二十四年(1154年)“金华县酒课、酒务租额二千二百六十四贯一百二十五文”。元代金华是我国主要的产酒区之一，当时江浙行省的酒课约占全国酒课收入的三分之一，元贞二年（1296年），金华“酒课中统钞一千五百五十三锭三十五两二分二厘”，远远超过“茶课中统钞六锭二十四两四钱七分”的课利。宋代酿酒行业有官营和民营之分，官营酒业占据垄断地位，民营酒业则相对分散。宋代金华酿酒行业的繁荣，主要指的是官营酿酒行业。从相关的记载中，我们可以推断，宋代官营酿酒行业的中心在金华古子城。然而，近年来，金华文物部门虽然在市区发现了多处酒瓶残片堆积遗址，却一直没有找到宋代官营酿酒行业留下的确凿证据。

据文物局的一位工作人员介绍，几年前，金华市军分区在古子城附近建宿舍。施工人员挖出了大量的宋代酒瓶残片。一天，正在杭州开会的他接到施工队的电话，说发现了一个“官”字酒瓶，他非常兴奋，当即赶回金华，然而让人遗憾的是，这个酒瓶消失了。“施工人员也许没有意识到这个‘官’字酒瓶的价值，所以随意放在一边，被人捡走了。如果当时我们找到了那个‘官’字酒瓶，军分区宿舍工程很可能会被叫停”。此后，施工人员又挖出了数以吨计的酒瓶残片，然而，直到工程结束，也没有发现第二个“官”字酒瓶。因为没有确凿的物证，这处遗址的价值无法得到评估和保护。这位工作人员猜测，吕学姜收藏的“官”字酒瓶就是在军分区宿舍工地上发现的那个酒瓶。

据吕学姜本人向《金华日报》记者介绍，这个“官”字酒瓶是他从一个小贩手里买来的。“去年的一个周末，我在古子城闲逛，偶然在一个卖婺州窑的小摊上发现了这个酒瓶。我问他这个酒瓶是从哪里来的，他说是从军分区宿舍工地上捡来的。我对婺州窑一直都很感兴趣，所以花了两千元钱从小贩手里买下这个酒瓶。”吕学姜说，“买的时候，我还不知道“官”字酒瓶有这么大的价值”。吕学姜的叙述证实了文物局工作人员的猜想，这个“官”字酒瓶就是他找了几年都没有找到的酒瓶，就是宋代金华官营酿酒行业留下的一枚“足迹”。

现今在金华农村，民间酿酒遗风和悠久的饮酒习俗依然保留下来，沉寂了几百年的金华酒是传统民间作坊酿制，靠师传来递艺，靠外销而盛名。如今随着外部环境的改变等种种原因，金华酒变得不那么畅销了，伴随着外销酒的停滞，民间家酿酒悄然兴起，一种以自产自销为格局的传统酿酒作坊也应运而生。今天，金华农村几乎家家会酿酒，户户有醇香，几百年来，民间酿酒遗风存续至今。回顾历史，金华酒一度辉煌，甚至可以说，明清以来，金华酒引导着中国米酒进入了中国米酒的鼎盛时期，金华酒名扬四海，清代中叶以前声名大都在绍兴酒之上。著名学者、作家曹聚仁在《鉴湖、绍兴老酒》一文中提到："在酒的历史上说，金华府属的义乌、兰溪，好酒的盛名，还早（超）过了绍兴……"

金华产好酒的历史，可以写上一本厚厚的书，金华酒本身就是中国传统文化的产物，与中国传统文化同根生、同步长，同时成熟，融合发展，相得益彰。它与传统的政治军事、经济科技、文学艺术、宗教信仰、民俗等活动紧密联系在一起，形成了博大精深、异彩纷呈的金华酒文化。

金华酒的现状和展望

近年来，在国家、金华各级政府、有关部门、行业协会和社会各界的关心支持下，金华酒酿造技艺得到一定程度的传承和发展，继承、发扬这种优秀的传统工艺，既是我们今天文化发展的需要，也是时代赋予我们的责任。

金华酒的现状和展望

近年来，在国家、金华市政府有关部门、行业协会和社会各界的关心支持下，金华酒酿造技艺得到一定程度的传承和发展，特别是在快速发展的企业中，出现一批酿制技艺精湛的酿酒师，通过传、帮、带活动，一支具备酿造理论知识和实践经验的酿酒师队伍正在成长起来。传统技艺酿造出来的金华酒深深扎根于中国传统文化的土壤中，不仅历史源远流长，而且还深深融入金华人的风俗习惯、生活方式之中了。随着消费者逐步认可它的文化和浓郁的口感以及养生保健的功效，金华酒的国内、国际知名度也正在上升，消费热潮正在涌现。对此，我们要进一步强化对传统金华酒酿造技艺的挖掘、整理、保护工作，深化对先人酿酒智慧的总结提升，争取申报世界级非物质文化遗产。

[壹]过去和现状

国家级非物质文化遗产——金华酒酿造技艺是在金华这个特定的地理环境下，以金华产的优质糯米（双糯）为原料，用蓼草汁制麦曲（白曲），或再加红曲，以白曲或双曲复式发酵的独特技艺酿造而成。流传上千年的金华酒酿造技艺，其兴衰就和国势兴衰紧密结合在一起，走过了一段曲折艰难的路程。

明代中后期是金华酒在全国声誉最隆之时，所谓盛极而衰，其时也是金华酒发展的转折点。原因大体是随着金华酒名声大噪之后，商家为扩大产量，盲目扩大规模又不注重品质，在市场以次充好，导致金华酒在消费者中的口碑受到严重损害。明代徽州歙县人方弘静著有《千一录》一书。他说：

> 嘉靖以前金华酒走四方，京都滇蜀公私宴会无不尚之，隆、万以来恶而弗尝，闾巷中或以觞客，客不欲举，口之于味也，向也同嗜，今也同恶，酒一也，口何以不一？余亦不知其解也，无亦意在狥俗而口与之化耶？

明代杭州钱塘人田艺蘅著有《留青日札》，该书卷二四就有他对金华酒的评价：

> 今金华酒不惟酒恶，其诗亦恶矣，今兰溪不如梅溪。

明代史学家、文学家王世贞著有《弇州四部稿》，该书卷四九也提到他对金华酒的评价：

金华酒色如金，味甘而性纯，食之令人懑懑，即佳者十杯后舌底津流，旖旎不可耐，余尤恶之。

大概王世贞不喜欢喝甜的酒，衡量酒好与不好的标准在甜和不甜。当时酒类市场竞争日益激烈，地域性黄酒不断瓜分金华酒的原有市场。松江府是明代著名的棉纺织中心，也是万历年间商业发展迅捷的典型府城之一。范濂《云间据目抄》记载：

华亭熟酒，甲于他郡，间用煮酒、金华酒。隆庆时，有苏人胡沙汀者，携三白酒客于松。颇为缙绅所尚，故苏酒始得名。年来小民之家，皆尚三白，而三白又尚梅花者、兰花者，郡中始有苏州酒店，且兼卖惠山泉。

松江人原来好饮金华酒，有一胡姓苏州商人，"携三白酒客于松"，这种酒用上好糯米制作，工艺地道，香醇上口，既为"缙绅所尚"，又受小民青睐，市民为之倾倒。一时间侨居松江的苏、锡商人纷纷开起苏州酒店，自制三白出卖，并兼营梅花、兰花酒，还"卖惠山泉"，击倒了在松江一时盛行的金华酒，"自是金华酒与弋阳戏，称两厌矣"。

金华酒品质下降和它的生产方式有关。号称清代"国初三大家”的曹溶（1613—1685），字秋岳，秀水（今浙江嘉兴）人，明崇祯十年（1637年）进士，官御史。顺治初归清，授原官，迁广东布政使，降补山西阳和道。康熙己未荐举博学鸿词，又荐修《明史》，皆未就。其诗集《静惕堂诗集》卷八《客有诮金华浆酸者戏为解嘲》云：

兰酿走都下，群肆皆退听。浮听琥珀色，柔甘得真性。侧闻承平秋，美与诗奕并。山寇近狓猖，竭蹶事供养。土俗本细微，名炽乃为病。檄取或数十，瓶缶在所罄。秫田多歉收，村酤亦云剩。搅齿近吴醯，量水乖律令。张筵多酣呼，小物系民命。陶公止自怡，于道两无竞。矧当兵动天，节饮庶相称。

曹溶高度评价兰溪出产的金华酒一到京师就受到欢迎，色泽黄亮，口感柔甘。然后他也发现，金华酒的品质在逐步下降，原因就在于它小作坊式的生产方式和地方官府对小民的压榨。“土俗本细微，名炽乃为病。檄取或数十，瓶缶在所罄。秫田多歉收，村酤亦云剩。搅齿近吴醯，量水乖律令。张筵多酣呼，小物系民命”。由于金华酒名气很大，消费量大，很多地方官和朝廷指名金华地区上贡金华酒。而实行小作坊式生产模式，需要长时间陈酿的金华酒远远赶不上需求，加之酿酒业消耗粮食巨大，糯米本身产量就低，耕地都要来种植糯米，导致口粮不能满足需求，种种原因都导致了金华酒品质的下降，可以说虽然金华酒盛名在外，但已经到了“其实难副”的境地。

尽管如此，秉承传统酿造技艺的金华酒仍然获得不少荣誉，在1963年全国首届评酒会上，金华酒被评为优质酒，在黄酒系列中与绍兴加饭、福建陈缸齐名，是中国三大黄酒之一。1988年首届中国食品博览会上，金华酒仍获金质奖。这说明依靠传统技艺精心酿制的金华酒的品质不容置疑，关键是我们如何传承下去的问题。历史上，金华酒一直是采取家庭和小作坊酿造的生产方式，其技艺完全靠实践积累和经验传递。从清代中期开始，原有的耕读世家的小农经济模式逐步向半工半农的百工之乡转型，酿酒业作为依附于农业的副业之一，在生活和生产中的重要性也在下降。人们不太重视传统特产的发展，投入精力有所减弱。进入20世纪，尤其是新中国成立以来，随着社会环境的重大变革和人们生活条件的不断改善，家庭酿酒之风已不复存在。传统酿酒师傅在政府的发动和支持下，组织起来，走上企业生产的道路，传统的酿造作坊也为规模化的现代酒厂所取代。改革开放之后，欣逢盛世，乡镇企业、个体企业、国营企业等多种所有制形式都有所发展，在新的工业化大生产条件下，金华酒也有所发展。

但也应该看到，传统酿造技术依靠作坊式的生产，金华酒在古代是高档酒，选料精，制作技艺繁复，酿造周期长，出酒率低，成本一直很高，所以在古代都是达官贵人们的专享用品，为官场社交之必需，而如何在工业化条件下保持其品质就是两难的问题。由于金华酒独特的白蓼曲所用的蓼草为野生植物，有着严格的生长环境，当时还不能人工种植，数量有限，且呈不断减少之势。同时，从端午节前后造曲，到立冬后酿酒，一年一个周期，若加上后发酵的过程，则周期更长达二至三年，这些显然不利于规模化生产，故一些酒厂就采用红曲和黑曲酿造。

20世纪60年代以来，从外地引进乌衣红曲，用早籼米为原料的酿酒工艺，尽管产酒率远远高于金华传统酒酿造工艺，但它的品质、口感却不可能达到传统金华酒的水平。酒厂的酒，1公斤米做5公斤左右的酒，而家酿的，0.5公斤糯米只能酿0.75公斤米酒，这就有了质的区别。酒厂黄酒的口感是苦味，容易上头，易醉，口味单一。而传统的家酿米酒的口感是甜味，适合慢慢品味，而且家家各有各的味，越陈越香。尽管新工艺迎合酿酒企业取得经济效益的需要，很快得到推广，但对优质金华酒造成很大的冲击。一些乡镇小酒厂，还把这种干型普通黄酒冒充金华酒出售，极大败坏了金华酒的信誉，使其失去了赖以生存的品质。1989年全市有八十多家黄酒厂，年产量四万多吨。而现在只有四十一家黄酒厂，产量不及绍兴一家三等厂。除义乌的“丹溪”、兰溪的“芥子园”、金华的“浙牌”、东阳的“东龙”、“鸳鸯林”等几个厂还在生产瓶装酒外，其余大多是作坊式小厂，产品都为低档的袋装酒。在打不开城市市场的情况下，为迎合农村市场，企业生产的低档黄酒，缺少了金华酒原本有的美味口感，只能当做厨房料酒。整个行业处于无序、低质、低价的恶性竞争状态，酒企之间的矛盾和猜忌，再加上一些作坊式小厂缺少必要的监管和诚信自律意识，为实现经济效益，盲目压低售价，酒质量一低再低，整个年产量甚至赶不上绍兴的一家三等厂，兑水和酒精、随意添加各种添加剂等事时有发生，给许多消费者心中留下了金华无好酒的印象。

《金华日报》资深记者倪志集经过长期调研指出，金华酒失去品质的结果就是失去顾客。由于一直采取传统家庭和作坊式的酿造方式，金华酒价格高昂，从20世纪60年代开始，在金华本级市场上，金华酒的供应量就一直很少，顾客很难买到正宗金华酒，很多顾客只得改饮普通干型黄酒或啤酒等，对金华酒知之甚少，金华本地居民对金华酒不熟悉，还远没形成消费习惯。此外婺城、金东农村由于代代相传，对金华酒还有传承脉络，很多农民仍有自种糯米、自酿米酒的传统，现在的“农家乐”多有家酿米酒供应，也很受顾客欢迎。其实这种家酿米酒，保存着传统金华酒酿造技艺，难能可贵，值得鼓励。只是因其缺少一道煎酒（蒸煮杀菌）工序，而不符合卫生要求，大肠杆菌和菌落总数大多超标。所以有关部门不允许私自酿酒出售，特别是执行“QS”标准后。

目前，传统金华酒的酿造技艺保存在金东区（原金华县）、婺城区和东阳、义乌、兰溪等地少数农村家庭中，面临着失传的处境。在调查中发现，金东区曹宅镇在清末民国初一度聚集了不少传统酿酒师傅，镇上曹恒聚酒坊所出的样酒，在1915年巴拿马万国博览会上荣获金质奖，但目前该镇造酒已不采用传统工艺。金东区汤溪镇中戴村尚有部分家庭采用传统方法酿造金华酒，但酿造技艺掌握者多已是古稀之年，他们的后代很少愿意学习和继承。因此，如不尽快采取有力措施进行挖掘、整理和保护，极富特色和文化价值的金华酒酿造技艺前景堪忧。

金华酒令人忧虑的现状还在于纷扰的企业市场行为。计划经济时期，国企与以后的乡镇企业是酿酒的基地，酿酒原料粮食实行统购统销。国家给多少粮食就酿多少酒，国家给什么原粮就酿什么酒。当时农民不愿意种植糯米，因其产量不高，收晒时比早籼谷麻烦。加之早籼米酿酒技术传入金华，酿酒成本低、出酒率高，所以酒厂都以酿造干型普通黄酒为主。原有金华市属国企转型改制是行业兴衰的重要转折点。因为市场的原因，国营金华市酒厂转型，放弃黄酒专做啤酒，至今啤酒规模越做越大，而黄酒只留下一个“寿生酒”商标。原金华县的浙牌酒业，两次改制都不理想，留下不少后遗症。开始是金华市酒厂与金华县酒厂之争：当时有关部门认为金华酒、寿生酒都是商品通用名称，不能注册为商标。于是，市酒厂是松鹤牌寿生酒，县酒厂是锣鼓洞牌寿生酒。1990年，市酒厂以生产啤酒为主，却注册了“寿生”商标，而专门生产寿生酒的县酒厂却不能用寿生酒之名。这样，县酒厂只得把厂名改为“国营金华寿生酒厂”。于是，出现了有“寿生”商标的市酒厂没有寿生酒卖，而大量生产寿生酒的县酒厂却只能另起炉灶，再去注册“浙酒”商标，成立浙牌酒业公司。寿生酒小有名气之后，一些小酒厂纷纷仿制，外包装相近。于是法律纠纷不断，商标侵权、不正当竞争、生产假冒伪劣酒等事件时有发生，造成金华无好酒的假象，给行业整体发展带来严重的负面影响。

[贰]保护与发展

金华酒酿造技艺是中国古老智慧的杰出代表，是先人留给我们后人的宝贵财富，对其加强保护和传承具有特殊意义。

金华酒酿造技艺融合生物技术、有机化学、生理学、无机化学等多门食品科学于一体，千年传承的白蓼曲制作工艺，确保发酵正常进行的特殊措施都值得我们现代人好好挖掘其科学原理，它是研究中国酿酒史的“活化石”。深入细致研究金华酒酿造技艺的历史演变，可以揭示我国先人对酿造科学的认识过程和金华酒酿造的科学原理，具有特殊的学术价值。

金华酒酿造历史源远流长，延续至今可以说已经有数千年的历史了，它作为金华（婺州）文化的重要载体，在金华的民俗、社会心理、生活习惯演变中发挥着重要的作用。金华众多的文物、地名街巷都是金华酒曾经辉煌的印证，如古子城的酒坊巷、酒井泉，保存至今的众多婺州窑的酒器。清明、端午、重阳、元旦等传统节日都少不了酒，红白喜事用到金华酒更是已成风俗，金华酒已经和金华文化密不可分了。酒已经和文学艺术密不可分，水乳交融，明清时期的众多文艺作品，金华酒都有促成之功效，所有这些都表明，我们研究金华酒的历史、有关金华酒的民俗都具有重大的历史价值。

传承古老的金华酒酿造技艺还有特殊的经济价值，金华酒曾经风靡全国，酒坊巷一度酒作坊林立，金华酒畅销大江南北，一直是金华当地重要的传统支柱行业，对地方经济发展和民众生活水平的提高发挥了重要的作用。酿酒业是劳动密集型产业，同时又是产业关联度比较高的行业，它带动了手工业、农业种植业的发展，能够解决相当多的劳动力就业问题。

金华酒酿造技艺入选国家级非物质文化遗产名录，是对我们金华老祖宗遗留下来的传统技艺的肯定，如何把它与振兴金华酒产业联系起来是我们的重要任务。金华酒在市场竞争中的衰落已经引起金华各界的议论和关注，人们为此感到惋惜，应该说，只要采取切实措施，金华酒的明天不会暗淡。绍兴黄酒业的发展，对金华酒振兴无疑具有重要的借鉴意义。绍兴黄酒业也曾经一度衰微，市场竞争无序，产品美誉度低。现今上市公司“古越龙山”考虑到“地域性强，知名度低”造成黄酒业持续低迷的情况，毅然在央视投资六千万元做广告，开启了绍兴黄酒业的辉煌一章。2005年，当地黄酒生产企业平均增速就超过了15%，绍兴黄酒集团年销售增长量更达到了史无前例的33%。绍兴当地政府高度重视，成立了由市领导任组长，各部门负责人参加的“振兴绍兴黄酒领导小组”，发表绍兴黄酒振兴纲要，综合管理全市的黄酒业的发展，进一步加强对绍兴黄酒的质量监督和管理，确保绍兴黄酒的声誉，不断加大对假冒绍兴黄酒的打击力度，维护知识产权，对绍兴黄酒新获“中国驰名商标”或“中国名牌产品”称号的企业，奖励五十万元。2005年，绍兴黄酒行业就一举新增“会稽山”、“女儿红”、“咸亨”三个中国驰名商标。2007年，“绍兴黄酒”荣膺中国驰名商标，成为浙江首个集证明商标和驰名商标两种商标资源于一身的商标，除十五家“绍兴黄酒”证明商标使用企业外，其余企业生产的黄酒，皆无法冠以“绍兴”之名。绍兴首次借品牌之名，筑起了一道产业高门槛，结束了“诸侯混战”带来的尴尬局面。考虑金华酒在历史上曾有的声誉，绍兴黄酒却仅是在清代中后期才兴起，绍兴的黄酒行业如此辉煌，金华的黄酒行业却处于凋敝，很值得金华人反省。

有鉴于此，为了更好传承古老的金华酒酿造技艺，振兴金华酒产业，金华市委、市政府及有关部门在深入调研和广泛征求意见的基础上，提出保护抢救方案，凝聚行业共识。

1. 加强对传统酿造技艺的挖掘整理

“金华酒酿造技艺”被列入国家非物质文化遗产名录，来之不易，文化部门功不可没，这也引起了社会各界对金华酒酿造这门古老技艺的关注。金华酒的历史辉煌，作为一项传统工艺，金华各级政府应把对金华酒传统酿造技艺的抢救、保护、开发、利用等作为义不容辞的责任。对此，市人大代表、政协委员多次提出议案和建议，呼吁全社会都来重视金华酒的抢救、保护、开发、利用工作。为此，市政府先后下发了《关于印发金华市传统工艺美术保护规定》、《关于印发金华市区重点传统工艺美术保护发展专项资金管理办法的通知》，规定市政府每年安排一百万元专项资金，用于支持市区重点传统工艺美术的保护和发展，其中包括拯救、保护濒临失传的重点传统工艺品种和技艺。金华酒的酿制也属于传统工艺，也可以申报该专项资金，经审核同意后给予一定的资助。

组织相关专家深入研究金华酒的起源、历史及与社会、经济发展的关系，对“金华酒酿造技艺”这门国家非物质文化遗产进行挖掘整理工作。自古以来，金华酒就具有养生保健的功能，历史上曾经深受人们的喜爱，除了它浓郁的芳香、柔和的口感外，其良好的养生功能自然功不可没。组织相关专家对金华酒传统酿造技艺中的发酵原理进行研究，利用现代生物工程技术、基因工程技术对它的微生物生理、生态进行剖析，揭示金华酒酿造的科学原理，研究其保健功能的医学、药学原理，从而为打开金华酒的市场奠定基础。

2. 加强传承人和传承企业的保护

对于传统的金华酒酿造技术传承人，可以申报工艺大师。鼓励工艺大师带徒授艺，加快人才培养，有计划地培养后续人才，并给予一定的资金支持。鼓励金华酒酿造传承人有计划地开展技术交流，提高业务技术水平，规范酿造技术。

鼓励企业正确处理传统与现代工艺的关系，保护传统酿酒工艺，不使其失传。组织培养一批既具备酿造科学理论知识，又富有实践经验的高素质传承人，壮大金华酒业，凡是使用传统酿造技艺生产的金华米酒，都可以使用“国家级非物质文化遗产技艺”标志。

3. 规范企业行为

金华酒酿造技艺传承的关键在企业，有鉴于此，金华市委和市政府主要领导高度重视金华酒产业的振兴工作。据《金华日报》报道，2009年4月，市政府领导带领金东区政府和市府办、市经委、贸易粮食局、工商局、质量技术监督局等有关部门负责人，调研市区黄酒产业发展状况。相关人员逐一考察了浙牌酒业、鸳鸯林、穗冠酒业、法尚寺酒业等市区黄酒生产企业，了解金华黄酒产业发展现状和存在问题，寻找对策，为进一步振兴金华黄酒传统产业提供决策依据。

市政府出台一些政策，帮扶金华黄酒产业，为其创造良好的外部条件，并鼓励企业创牌创优。通过扩大对外开放、招商引资等一系列政策，加快金华酒产业的发展。面对目前无序混乱的发展现状，强化酒企自身规范，加强监督引导，鼓励企业加强自律意识，严禁低质、低价的恶性竞争，严格按照传统酿造技艺做产品，以过硬的酒品去赢得消费市场。

有关部门还积极引导黄酒生产企业注册商标，支持和帮助企业申报省、市著名商标，争创中国驰名商标。积极申报地理标志保护，打造统一的区域品牌，扩大社会影响，提升市场占有率。组织力量制订相关企业和行业标准，规范使用品牌和商标。酒企按标准生产，按质论价、扶优罚劣。规范整合小厂，扶持培育一二家龙头企业。

4. 引导宣传和推广

有关部门还鼓励企业对外宣传，要求金华酒企找准金华酒的立足点，明确市场定位。虽然绍兴酒这几年发展势不可当，但并非金华酒要做到绍兴酒的程度才是振兴，也不应该担心绍兴酒的影响而悲观。近几年各地米酒品牌都在打本地牌，如上海老酒、苏州的沙洲黄酒等。而安吉酒厂十几年前的规模仅和我们的国营金华寿生酒厂差不多，但近几年利用其靠近苏锡常地区的区域优势主攻常州、无锡市场，销售额也有几亿元。因此，基于目前金华本土及周边的丽水、衢州地区还没有具有影响力的本土米酒产品，金华酒完全可以凭着本身悠久的历史、过硬的质量和醇厚的口感做成金华地区乃至金丽衢地区的区域性名牌产品。在各大型超市、商店都进行金华酒的销售，还可以积极选择酒店经销商合作，让金华酒逐步进入到金华的酒楼、饭店。金华本地酿酒风气较盛，市场较为饱和，不如走出金华，开拓周边市场。比如杭州浙牌酒业有限公司就积极开拓市场，将金华酒销往北京、天津、上海、广州、重庆、江苏、福建等有着良好米酒市场的城市，使广大外地朋友除了解金华火腿外，也能了解金华酒。

金华酒类产品要适应不同人群，不同地域的需求，需要开发不同档次的酒产品，各企业可以根据自身情况，生产不同档次的金华酒，定向向市场促销。金华酒在古代是高档酒，拥有深厚的文化底蕴，具备开发成高端品牌的基础，以良好的质量成就其品牌。原材料要精，选定优质、无污染的耕地作为糯米种植基地，以传统酿造技艺为关键技术。高档的金华酒面向商务、高管人员，其包装定要精美，容量合理，走精装的路线，如一些厂历史悠久，还有一些保留二十多年的陈酒，结合婺州窑的包装和历史，开发部分年份久的高档金华府酒，作为精品销售。中低档的则针对普通大众，走简装路线，价格适中。定位分投，满足不同群体的需求。

各级宣传部门及所属新闻媒体还要针对金华酒的特色积极宣传金华酒的产品特点，引导市民饮用金华酒，喜爱金华酒。同时应鼓励和引导企业为金华酒做广告宣传，各家企业虽然广告宣传的是不同品牌的金华酒，但都是在宣传金华酒。如浙牌酒厂为配合推广按照金华酒酿造技艺生产的金华府酒的销售和展示工作，在市区古子城的状元坊内投资开设金华府酒酒庄，以品尝金华酒，展示金华酒文化，能让消费者品尝到真正按照金华酒酿造技艺酿制的金华府酒。为了更好地展示金华的非物质文化遗产，酒厂准备每天在府酒酒庄进行金华古文化道情表演，让市民融入“品金华府酒、听金华道情”的氛围之中。

参考文献

[壹]历史文献

韦庄:《浣花集》,文渊阁《四库全书》本。

韩元吉:《南涧甲乙稿》,文渊阁《四库全书》本。

刘过:《龙洲集》,文渊阁《四库全书》本。

陆游:《剑南诗稿》,文渊阁《四库全书》本。

朱德润:《存复斋文集》,四部丛刊。

曹伯启:《曹文贞公诗集》,文渊阁《四库全书》本。

马祖常:《石田文集》,文渊阁《四库全书》本。

李昱:《草阁诗集》,文渊阁《四库全书》本。

黄镇成:《秋声集》,文渊阁《四库全书》本。

胡助:《纯白斋类稿》,文渊阁《四库全书》本。

陈樵:《鹿皮子文集》,文渊阁《四库全书》本。

杨慎:《升庵长短句》,明嘉靖刻本。

赵时春:《浚谷集》,明万历八年周鉴刻本。

平显:《松雨轩诗集》,宛委别藏本。

张凤翼:《处实堂集》,明万历刻本。

朱有炖:《诚斋新录》,明嘉靖十二年同藩刻本。

唐龙:《渔石集》,明嘉靖刻本。
刘储秀:《刘西陂集》,明嘉靖刻本。
曹溶:《静惕堂诗集》,清雍正刻本。
高士奇:《归田集》,清康熙刻本。
张适:《张子宜诗文集》,清王氏十万卷楼钞本。
黄钺:《壹斋集》,清咸丰九年许文深刻本。
舒位:《瓶水斋诗集》,清光绪十二年边保枢刻本。
汤贻汾:《琴隐园诗集》,清同治十三年曹士虎刻本。
徐釚:《南州草堂集》,清康熙三十四年刻本。
张鉴:《冬清馆甲集》,民国吴兴丛书本。
张埙:《竹叶庵文集》,清乾隆五十一年刻本。
朱彝尊:《曝书亭集》,四部丛刊影清康熙刊本。
沈大成:《学福斋集》,清乾隆三十九年刻本。
陈思辑、陈世隆补辑:《两宋名贤小集》,文渊阁《四库全书》本。
张玉书等编:《御定佩文斋咏物诗选》,文渊阁《四库全书》本。
郭鈇:《石洞贻芳集》,康熙十六年刻本。
徐倬编:《全唐诗录》,文渊阁《四库全书》本。

顾嗣立:《元诗选初集》,《四部丛刊》本。

陆应阳辑:《广舆记》,清康熙刻本。

张萱:《疑耀》,文渊阁《四库全书》本。

冯时化编著:《酒史》,宝颜堂秘笈本。

周密:《武林旧事》,中华书局,2007年。

方以智:《通雅》,文渊阁《四库全书》本。

朱肱:《北山酒经》,中国经济出版社,2002年。

宋诩:《竹屿山房杂部》,文渊阁《四库全书》本。

王世贞:《弇州山人四部稿》,文渊阁《四库全书》本。

陈元靓:《事林广记》,文渊阁《四库全书》本。

朱弁:《曲洧旧闻》,文渊阁《四库全书》本。

袁枚:《随园食单》,续修四库全书本。

范濂:《云间据目钞》,江苏广陵古籍刻印社,1995年。

贾铭:《饮食须知》,文渊阁《四库全书》本。

佚名著:《居家必用事类全集》,《四库全书存目丛书》本。

程敏政:《新安文献志》,续修《四库全书》本。

李时珍:《本草纲目》,文渊阁《四库全书》本。

高濂《遵生八笺》，文渊阁《四库全书》本。

万全：《万氏家传养生四要》，清乾隆六年敷文堂刻本。

西湖渔隐主人：《欢喜冤家》，春风文艺出版社，1989年。

邓球：《闲适剧谈》，明万历邓云台刻本。

方弘静：《千一录》，明万历刻本。

潘季驯：《潘司空奏疏》，文渊阁《四库全书》本。

邓志谟：《萨真人得道咒枣记》，明建阳萃庆堂余氏刻本。

天然痴叟：《石点头》，明末叶敬池刊本。

兰陵笑笑生：《金瓶梅词话》，人民文学出版社，2000年。

曹去晶：《姑妄言》，中国戏剧出版社，2000年。

随缘下士编：《林兰香》，中华书局，2004年。

李观海：《歧路灯》，中国戏剧出版社，2000年。

镏绩：《霏雪录》，文渊阁《四库全书》本。

陶宗仪：《说郛》，文渊阁《四库全书》本。

谢榛：《四溟诗话》，文渊阁《四库全书》本。

田艺蘅：《留青日札》明万历刻本。

杨万树：《六必酒经》，清道光二年四知家塾刻本。

顾起元:《客座赘语》,明万历四十六年刻本。

光绪《金华县志》,中国地方志集成本影光绪刻本。

光绪《兰溪县志》, 光绪十五年刻本。

光绪《湘潭县志》,清光绪十五年刻本。

王治国:康熙《金华府志》,康熙三十四年增刊本。

李卫、傅王露等:雍正《浙江通志》,文渊阁《四库全书》本。

康熙《东阳新志》,康熙二十九年刻本。

王世贞:《弇州史料》,明万历四十二年刻本。

[贰]今人著述

徐少华:《中国酒与传统文化》,中国轻工业出版社,2003年。

唐桑梓:《寿生酒古今谈》,《金华日报》,2004年6月27日。

唐桑梓:《奇趣可贵的婺州酒俗》,《金华日报》,2008年2月21日。

张苗、杜羽丰:《“错认水”的身世之谜》,《钱江晚报》,2010年10月26日。

英昌:《“官”字酒瓶印证婺源酒业的辉煌》,《金华晚报》,2010年6月4日。

刘小娟:《历史文化积淀深厚的酒坊巷》,《金华日报》,2006年

11月28日。

姜鹏放：《一壶金华酒、古今多少事》，《金华日报》，2009年2月19日。

华柯：《从金华酒到兰陵笑笑生——义乌令汪道昆极可能是〈金瓶梅〉的写成者》，《义乌方志》第36期。

商江：《商江研读〈金瓶梅〉》，吉林大学出版社，2009年。

沈斌：《辣蓼草在传统绍兴酒药中的作用初探》，《华夏酒报》，2010年。

李聂：《流淌千年的“丹溪红”》，《浙中新报》，2008年1月3日。

江胜忠：《酿酒为什么非要糯米和固态不可？》，《金华日报》，2010年2月19日。

倪志集：《金华酒，亟需保护性抢救！》，《金华日报》，2008年9月5日。

徐松涛 、徐永生：《寻找东阳酒历史的名贵》，《金华日报》，2004年5月14日。

陈彬峰：《“金华酒”该站起来了》，《金华晚报》，2009年3月16 日。

责任编辑：方　妍
装帧设计：任惠安
责任校对：朱晓波
责任印制：朱圣学

装帧顾问：张　望

图书在版编目（CIP）数据

金华酒酿造技艺 / 陈彩云，陈国灿编著. —杭州：浙江摄影出版社，2012.5（2023.1重印）
（浙江省非物质文化遗产代表作丛书 / 杨建新主编）
ISBN 978-7-5514-0104-3

Ⅰ. ①金… Ⅱ. ①陈… ②陈… Ⅲ. ①酿酒—生产工艺—介绍—金华市 Ⅳ. ①TS261.4

中国版本图书馆CIP数据核字（2012）第096429号

金华酒酿造技艺
陈彩云　陈国灿　编著

全国百佳图书出版单位
浙江摄影出版社出版发行
地址：杭州市体育场路347号
邮编：310006
网址：www.photo.zjcb.com
经销：全国新华书店
制版：浙江新华图文制作有限公司
印刷：廊坊市印艺阁数字科技有限公司
开本：960mm × 1270mm　1/32
印张：6.75
2012年5月第1版　　2023年1月第2次印刷
ISBN 978-7-5514-0104-3
定价：54.00元